燉一鍋×幸福

燉一鍋×幸福

去買一只好鍋吧！
然後用快樂的心情為自己下廚做頓好料理，
善待你的鍋，就是善待生活，
最終你會體會，日日都美好！

好鍋×好日子

序

善待你的鍋，就是善待生活，
最終你會體會，日日都美好！

今年秋天來得早，天氣一涼，格外愛窩在廚房東摸摸、西弄弄，經常大半天光陰就這麼休一下被自己「摸混」過去了。

至於都在廚房裡「摸」&「混」些什麼呢？

禮拜天下午，朋友貼心送上有機咖啡豆，趕快從冰箱拿出雞蛋、牛奶，用電子秤量好麵粉、砂糖、奶油，再用小刀從香草豆莢中細心刮出香草籽，一邊拌打麵糊一邊聽音樂，在音符的跳躍和穠麗的甜香裡，為自己和朋友烤個杯子蛋糕，搭配香醇咖啡，歡呼友情萬歲！

不小心瞄到竹籃裡有尚未吃掉的馬鈴薯，怕它等不及發芽了，冰箱凍庫又多的是吃不完的培根，趕快躲進廚房把馬鈴薯切成薄片，再炒香培根，配上兩種起司和鮮奶油，為鄰家小朋友焗一道飽實的午後鹹點。

秋涼一日濃過一日，晚餐打算改吃薑汁燒肉迎接秋意，下班後迫不及待奔到超市買一包火鍋肉片回家，配上手工細磨的薑泥，和醬油、味醂、米酒、糖，一起燒出甜鹹摻半的薑燒肉片，晚餐桌上拌著薑肉汁扒光一大碗白米飯，吃剩的燒肉還可以改做珍珠米堡，那是明日的便當好料。

有一陣子，朋友們時興吃早午餐。週末向來賴床的我，特地起了個早，鑽進廚房為自己和另一半準備了一頓豐盛的Brunch：班尼迪克蛋＋洋芋餅＋法式楓糖吐司＋香煎培根＋烤番茄＋新鮮herb tea，儘管睡衣未褪，大門不出，在家也可以有快樂的Brunch time，靠的全是我的廚房「魔」功。

嚴格說來，我的廚房不大，不過二、三坪大小空間，卻像個驚喜不斷的遊戲盒子。

這一切全因為多年前在德國遇見的一只Le Creuset鑄鐵鍋，因為它，我愛上料理。烹飪像臉書一樣打開了我的視窗，為平凡的生活帶來更多驚喜和樂趣。

我愛料理，更愛好鍋，這些年來廚房陸陸續續添了不少鍋子，其中不乏好幾口不同顏色、大小和形狀的Le Creuset，為了收納心愛的鍋子，我在廚房的牆上釘了兩個層架，美麗的琺瑯鑄鐵鍋排排站在一起，不但是美麗的廚房風景，要用的時候也方便挑選和取拿。

我經常像在衣櫃裡挑選衣服一樣，依著料理當日的心情，挑選不同顏色的鍋子。心情鬱悶的時候，請熱情的火焰紅鍋陪我下廚；下雨天拿出芥末黃鍋，好像把陽光請到廚房；夏天烈日當空，我最常用白色的LC鑄鐵鍋，讓沉穩安靜的沙丘白消散廚房火氣；雪紡粉紅的鑄鐵鍋是我前年買給自己的生日禮物，也是我最鍾愛的一口鍋，無論任何時候，用它燉煮食物，都能讓我的心情歡喜愉悅。

當然，絕對不會忘記的還有「最初的邂逅」——16cm的火焰橘小圓鍋，這只購自德國萊茵河畔梅恩茲的迷你鑄鐵鍋，雖然隨著結婚和家裡人口漸增，逐漸減少使用次數，但它是我和鑄鐵鍋的初戀，一直在心裡佔有重要地位。有時候家裡只剩自己一個人，就會把它請出來煮碗麵或煮一鍋煲仔飯，重溫邂逅時的驚喜。

日本作家松浦彌太郎曾在他的「日日100」書中寫到，一位長輩提醒過他，如果想要做個有錢人，一定要先去買個好皮夾，並且善待這個裝鈔票的皮夾。我覺得這樣的想法也非常適用於廚房，去買一只好鍋吧！然後用快樂的心情為自己下廚做頓好料理，善待你的鍋，就是善待生活，最終你會體會，日日都美好！

Contents

Contents

PART1

燉煮×緩慢時光

我喜歡需要時間燉煮的菜餚，
微微的火光裡綻放著微小的幸福，
咕嚕咕嚕鍋裡滾沸的聲音，
變成最能安頓身心的秘密耳語。

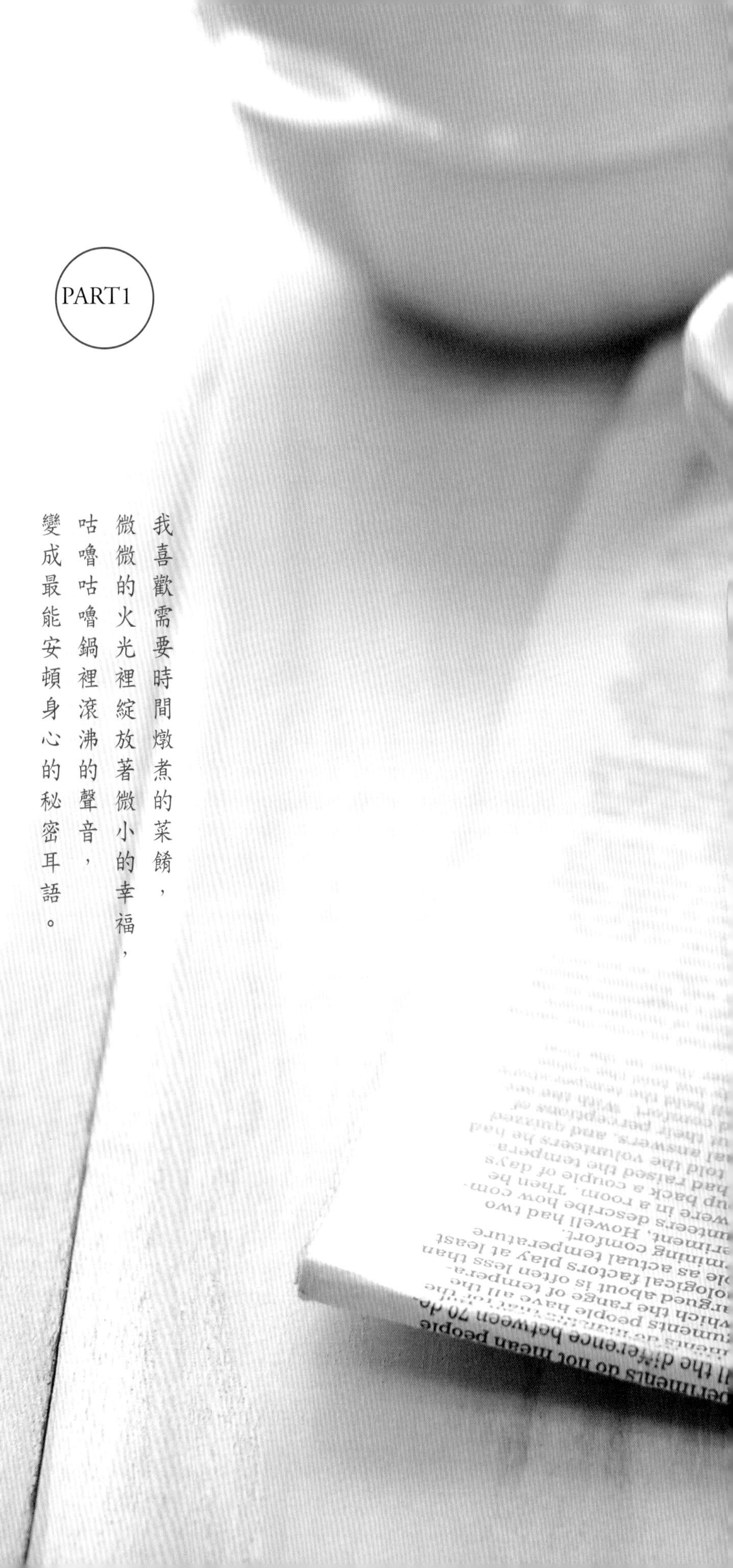

快活不過喝碗粥×想念

喝粥就是舒服啊！
濃燙稠厚的粥裡和著濃濃母愛…

我相信每個人都有自己的味覺鄉愁。

這種埋在食慾最底層的渴望，往往不在食物有多精巧、豪奢，或工序有多繁複，只因為味蕾牽動著某種記憶，食物變成某種形而上的記憶線索，久久不吃就會想念，進而牽動肚裡的饞蟲。

這種味道的鄉愁，有人是滷肉飯、有人是牛肉麵、有人投蚵仔麵線一票，也有人非來盤炸臭豆腐不過癮，而我，最想念的莫過於喝碗粥。

喝粥?!很多朋友乍聽簡直不敢置信，我最思念的食物竟如此索然且無學問。

但喝粥就是舒服啊！小時候生病或沒有胃口的時候，媽媽都會為特別為我下廚熬鍋粥，粥的花樣還挺多的呢！夏天煮綠豆稀飯、絲瓜粥，冬天熬蘿蔔粥、地瓜粥；天寒地凍還有甜潤滋養的桂圓粥、臘八粥可食。發育年紀，媽媽用排骨熬黃豆糙米粥，濃燙稠厚的粥裡和著濃濃的母愛。

我一直愛喝粥，即便長大了，時不時仍會在家裡自己熬粥。

煮粥不需大火烈焰，沒有油煙飛繞，靜靜地，守著一鍋水和米；緩緩地，細熬慢煲出思念的味道。

我在家最喜歡用鑄鐵鍋來熬粥，
一次落足水和材料，水滾開了轉小火，
用功夫慢慢收它，煮出來的粥特別軟糜入味。

01 × 干貝雞肉粥

準備材料

生米 1杯

乾貨干貝 3粒（用碗裝泡水）

乾香菇 3朵（用碗裝泡水，泡軟後取出香菇切絲）

粥底

去骨雞腿 1隻

洋蔥 1/2顆

紅蘿蔔 1/2根

小魚乾約 1/4杯

米酒 1大匙

鹽 1小匙

先把雞腿肉洗乾淨，燒一鍋水放入雞腿，利用水燒開的時間，把洋蔥、胡蘿蔔切成塊。水燒開後，連同小魚乾、米酒一起放進鍋裡燉煮30分鐘後，把雞湯過濾到另一個鍋裡。雞腿肉剝絲備用。

把米、干貝、干貝水、香菇絲、香菇水一起倒進鍋中，煮滾之後轉小火，燜煮1個小時左右，中間記得要打開鍋蓋用木杓攪拌一下，以免米粒沉入鍋底巴鍋，煮到米粒膨脹、軟糜，就可以熄火再燜一下，把剝好的雞絲拌入就可以享用鮮燙的好粥了。

料理經驗分享

粥是豐儉由人的食物，可以自由代換各種手邊方便的食材，如果不想自己熬高湯，用清水代替也可以，煮出來的口感比較清爽，配上油條，簡直就像落座在港式茶餐廳喝粥呢。

慢慢，吃一頓好飯×享受當下

我做了很多年慢吞吞的蝸牛，直到一趟法國旅行，
才讓我重新體會做一隻蝸牛的樂趣…

小時候因為動作慢，同學為我取了一個外號，叫「蝸牛」。

從小到大，我做了很多年慢吞吞的蝸牛，進入職場之後，在工作壓力下徹底改掉慢條斯理的習慣。一直以為動作快是現代人應該有的本色，直到多年前去了一趟法國旅行，才讓我重新體會做一隻蝸牛的樂趣。

那一趟法國之旅，我和朋友應邀參加一位法國朋友作東的晚宴，我們七點半準時到達餐廳包廂，先站著寒喧、喝香檳、吃餐前小點；然後在主人的招呼下落座、看菜單、點菜，等服務生慎重地確認了每位賓客的菜單之後，我偷偷瞄了一眼手錶，已經去掉大半個鐘頭，而後服務生為大家換上正確的刀叉，送上第一批開胃小點，等正式開胃菜上桌，時間早已經超過晚上九點。

結果，這頓晚宴從華燈初上吃到夜深人靜，我記得大家離去的時候已經超過夜半十二點，我吃到哈欠連連，幾乎快要在椅子上沈沈睡去，真是名副其實的慢，食！

後來才知道緩慢正是法國人的用餐習慣。慢，不是漫無效率，而是希望提醒所有用餐的人享受「當下」的愉悅。

緩慢，也不只表現在吃飯上，掌廚的人用同樣慎重的心情，去對待料理和食物，從火候的掌控到食材的挑選，從飼養到烹飪，都必須投注以情感，歐洲人稱其為蝸食運動（又稱慢食slow food）——用心、用感情、用開放的五官去感受每一口吃下的佳餚。

我想，這是一隻蝸牛對人類最大的啟示吧！

法[illegible]人發現鴨腿的鮮美和柔嫩，非用低溫才能留住。
我[illegible]這一點跟愛情很像，
濃情[illegible]火多半難長久，細水長流才是王道！

02 × 法式油封鴨腿

準備材料（4人份）

新鮮鴨腿 4支

鴨油 適量

醃料

月桂葉 2片

百里香 10公克

丁香 5顆

粗海鹽 100公克

黑胡椒 10公克

配菜

馬鈴薯 4顆

培根 4片

洋蔥絲 100公克

大蒜末 適量

洋香菜（切碎） 適量

鹽、胡椒

油封鴨腿的製作

鴨腿洗淨，拉直。把鴨腿與醃料充分混合，確認醃料均勻分布在鴨腿表面後，放進冰箱冷藏至少24小時。

醃好的鴨腿取出後洗淨表面，擦乾。將鴨腿放入鴨油中，以攝氏80度的油溫慢火封4~5小時。完成的鴨腿放入另一個容器中，倒入鴨油，放涼後移進冰箱冷藏。

02×法式油封鴨腿

配菜的製作

馬鈴薯切薄片，泡水洗去表面多餘的澱粉，使用前瀝乾。用鴨油煎馬鈴薯片，煎到表面金黃後起鍋備用。

先炒香培根和大蒜末，再加入洋蔥絲一起拌炒，炒到洋蔥變成金黃色，把煎香的馬鈴薯片倒進來，回鍋加熱。起鍋前用鹽和胡椒調味，並加入洋香菜碎。

裝盤

將鴨腿從鴨油中取出，放在平底鍋或煎盤上，以中小火煎到皮面金黃。盤中先以培根馬鈴薯打底，再把煎酥的鴨腿放在配菜上，並取一枝新鮮的百里香做為裝飾。

料理經驗分享

油封（confit）是法式料理中獨有的烹飪技法，利用低溫長時間油浸慢慢將肉泡熟，是非常典型的Slow food，我想唯有愛吃的法國佬有錢有閑如此慢慢炮製鴨肉，徹底鎖住肉汁和肉香，讓鴨肉變得如此軟嫩多汁。

做這道菜，鴨油可以買回鴨皮自己煉，方法很簡單，只要把鴨皮放到深鍋中，開小火慢慢把油從鴨皮中逼出來，等到鴨皮變成很小塊就完工囉。完成之後將鴨油過濾，放涼後可以進冷凍庫保存，要用的時候再拿出來。

如果手邊沒有鴨油可用，也可以用淡味的植物油取替，像芥花油、葡萄籽油或葵花油都可以用來做為鴨油的代用品。

冬天，燉鍋裡長時間飄出紅酒肉汁和蔬菜完美融合的濃香，
從廚房繞到餐廳，再緩步來到客廳，
那味道只有兩個字足以形容，就是……幸福！

03 × 紅酒燉公雞

準備材料（4人份）

大分切的雞 1隻（或大雞腿4隻）
洋蔥 2顆
蘑菇 200公克
培根 200公克
番茄糊 2匙
雞高湯 250cc
奶油 適量
麵粉 少許
鹽、胡椒、糖 各適量

香料醃汁

月桂葉 2片
百里香 10公克
紅酒 1瓶
大蒜 3粒
香菜 少許

前一天將雞肉用紅酒和香料一起浸泡醃漬至少一晚。

隔天處理配料：洋蔥切塊、蘑菇洗淨、培根切丁，分別炒上色之後備用。

將雞肉從醃汁中撈出，先將醃汁煮滾並撈除表面的浮沫。起另一個煎鍋，雞肉拍上一層麵粉，先下鍋用奶油煎到表面金黃後，放進燒開的湯汁中，同時把處理好的配料放入，倒入雞高湯和番茄糊，煮滾後轉小火燉60分鐘。

起鍋前依個人喜好酌量加入鹽、糖與胡椒調味，最後撒下切碎的洋香菜葉。

料理經驗分享

Coq au vin是法國酒鄉勃根地的名菜，勃根地有兩大特產，一個是紅酒，另一個是布雷斯雞（Bresse），這兩項傲人特產聯手催生了Coq au vin。要做好這道菜，最好選勃根地產的紅酒，品級不必高，但能展現出勃根地的酒質特色。

至於雞呢，一般人很難買到布雷斯雞，退而求其次最好選比較熟的雞，因為飼養天數較久，肉質結實比較耐煮，煮得越久，酒香全都滲入肌裡，滋味才美妙啊！

燉煮緩慢時光×幸福

我喜歡需要時間燉煮的菜餚，
微微的火光裡綻放著微小的幸福…

不知道什麼時候開始，料理變成我的紓壓方法。越是忙碌，越是煩亂，越想衝回家一頭鑽進廚房，拿起鍋碗瓢盆，替自己燒一桌好菜。

我曾為此買了好幾本食譜，狠狠添購好幾口心儀的好鍋，後來更報名參加不同的烹飪班。我在烹飪班與同學交換心得之後發現，現代人學做菜的理由，跟過去大大不同。

從前的人走進烹飪班上課，若不是為了想求得一技之長，就是即將走入家庭的新嫁娘，為了伺候好公婆、夫婿急急忙忙來惡補。還有一種是出國在即的留學生，為了出國後的飲食大計，不得不趕來臨時抱佛腳。

現代人可不一樣了，學做菜很大部分原因是興趣。

一位愛穿著名牌來上課的女同學告訴我，比名牌現在在她們那群貴婦姐妹團裡已經不稀奇了，談紅酒也欠缺新意，「要能露兩手好菜才算真露臉吶！」她得意地說。

同學中還有一位退休公務員，夾在一群吱吱喳喳的女同學中間，看來略顯害羞。談起學做菜的緣由，他說：「老婆做了半輩子的菜，現在換我學了做給她吃。」是個不折不扣又有良心的好男人呢。

至於我，學做菜單純因為喜歡料理時的全神貫注，它轉移了我所有的壓力，安靜單純且沒有目的。我尤其喜歡需要時間燉煮的菜餚，微微的火光裡綻放著微小的幸福，咕嚕咕嚕鍋裡滾沸的聲音，變成最能安頓身心的秘密耳語。

小時候很怕吃肥肉。
長大之後，慢慢懂得欣賞肥瘦交融的五花滋味。
尤其燉過冰糖醬油的五花肉，
晶瑩剔透，好像飽嘗歲月焠煉的圓融人生。

04 × 冰糖五花肉

準備材料（4人份）
五花豬肉 400公克
青蔥 2支
薑片 20公克
青江菜 200公克

調味料
水 1000cc
醬油 100cc
冰糖 3大匙
紹興酒 2大匙

五花肉先放進滾水裡川燙去除血水。青江菜洗乾淨對半切，蔥切段備用。

熱鍋後加微量的油，把蔥段及薑片放在鍋底，先煎出香味，再放入五花肉煎香，然後把調味料一同放進鍋中，先開蓋用中大火煮到滾開，再蓋上鍋蓋，轉小火燉煮約60分鐘。

上桌前，先把青江菜燙熟鋪到盤底，再一塊塊放上剛剛燉好的五花肉。記得一定要淋一點滷汁在肉上，上桌的冰糖五花肉才會看來更晶瑩剔透。

05 × 客家香炆肉

準備材料

帶皮豬五花肉 2公斤

調味料

醬油 200cc

米酒 200cc

油蔥酥 200公克

蔥 1支

砂糖 100公克

白胡椒 1茶匙

帶皮豬五花肉切成2.5cmx2.5cm大小，直接放在鑄鐵鍋裡將五花肉的表面煎上色。

將鍋子中多餘的油倒掉，倒入米酒與醬油，再加入水，剛剛好醃過肉的表面，先以中大火燒開。再放入油蔥酥、蔥段與其他調味料，再滾開的時候，轉最小火蓋上鍋蓋炆煮60分鐘。

料理經驗分享

客家菜有所謂「四炆四炒」，「炆」是客家很傳統的一種烹飪手法，類似紅燒，用小火慢慢將食物燉煮到入味，相較於整塊五花肉的客家「大封」，這道香炆肉以切成小塊的五花肉為材料，先利用慢火把肥肉中的油煎出，再加醬油和佐料以文火燉煮，煮出來的五花肉非常下飯，隔餐吃滋味更棒，也很適合做為便當菜。

客家人的「炆」是具有客家精神的slow food。
我喜歡利用假日炆一鍋肉，放在冰箱裡。
它不怕回燒，越燒越入味，帶便當也很美妙。

東西方有別，光一方豬肉就有截然不同的料理手法。
我喜歡江浙式的醬油冰糖紅燒，
也愛台式的焢肉或客家人的香炆肉，
但有空的時候，試試西方的白汁燉豬肉
竟也別有一番風味。

06 × 白汁燉豬肉

準備材料（8人份）
豬梅花肉 2公斤、蛋黃 3顆
鮮奶油 200cc、檸檬汁 50cc

配菜
馬鈴薯 4顆、紅蘿蔔 1隻
蘑菇 200公克、青豆仁 100公克

煮汁
紅蘿蔔 1根、洋蔥 2顆
西洋芹 1支、月桂葉 1片
青蒜苗 1支、蒜頭 2瓣
白胡椒粒、新鮮洋香菜、新鮮百里香
雞高湯 250cc、白酒 150cc
水 3000cc、鹽、胡椒

白醬
奶油 200公克
麵粉 200公克、牛奶 100cc

白醬的製作
將奶油放入鍋中以小火加熱到全部融化，放入麵粉拌炒到完全糊化，切記不要上色。加入牛奶攪拌均勻，完成之後冷卻備用。

06×白汁燉豬肉

燉豬肉

梅花肉切大塊，放入滾水中川燙，洗淨備用。配菜類的馬鈴薯、紅蘿蔔切成適當大小，與蘑菇、青豆仁分別煮熟，調味之後備用。

做為煮汁用的紅蘿蔔、洋蔥和西芹都切大塊，將梅花肉與其他所有材料放入大鍋中煮沸之後，轉小火，維持湯面微微冒泡的火力燉煮40~50分鐘，燉煮期間要打開鍋蓋不時撈除表面浮沫。

將豬肉撈起後，湯汁過濾，僅留下高湯。再把湯汁加熱，加入適量的白醬，攪拌均勻使湯汁呈現濃稠的奶白色，並以鹽、胡椒和少許檸檬汁調味。

鍋子離火之後，再將蛋黃與鮮奶油混和，倒入湯汁中立刻攪拌均勻。之後再將豬肉與配菜放入鍋中回溫，就可以連鍋端上桌。

07× 卡蘇萊番茄培根燉白豆

準備材料（6~8人份）
白豆 500公克
西班牙臘腸 4條、豬前蹄 4個
1cm厚的厚片培根 6條
洋蔥 2顆、西洋芹 1支
雞高湯 500cc
罐頭番茄丁 500公克
番茄糊 2匙

配料&香料
白酒 250cc、水 2000cc
月桂葉 1片
百里香 1束
洋香菜 1束、蒜頭 2瓣
丁香 2顆、橄欖油 適量
麵包粉 少許
鹽、糖、胡椒 適量

白豆浸泡在足量的水中一個晚上，使用前再把水濾乾。

豬前蹄洗淨，對切；洋蔥與西洋芹切丁；厚片培根對切。

先用橄欖油炒香洋蔥丁與西洋芹丁，倒入白豆略為拌炒之後，倒下白酒、雞高湯與水，以大火煮滾後，轉小火，這時候將豬前蹄、罐頭番茄丁、番茄糊、月桂葉、百里香、洋香菜、蒜頭與丁香一起放進去燉煮，煮到白豆軟化了為止。

豆子的完美，西方和印度料理人最懂得欣賞。
小小一顆渾圓的豆裡，飽含著豐富的蛋白質和多種營養，
從早到晚，豐富了一日三餐。

07× 卡蘇萊番茄培根燉白豆

利用燉煮的時間，在平底鍋上將西班牙臘腸和厚片培根煎上色，煎好之後放到鍋子中一起燉煮15分鐘。臨上桌前再試一下味道，依個人喜好以鹽、糖、胡椒調味，並在表面撒上麵包粉，移入攝氏180度的烤箱，烤15分鐘就大功告成了。

料理經驗分享

在西方料理中，「卡蘇 Casserole」是燉鍋，凡是在菜名中看到這個字，大概就知道這是道要費工夫燉煮的菜餚。豆子是這道菜的主角，如果買不到白豆，可以用花豆替代，但一定要記得泡水喔。

這道菜用西班牙臘腸來做，滋味最美，如果買不到，也可以用任何西式的香腸代替，若是喜歡的話，也可以買塊牛肚放下去一起燉，風味更棒。

轉個彎，找到愛！×驚喜

堅持是一種美德，但有時候適時轉個彎，
也許能找到更多驚喜！

談了多年戀愛的好友，在即將邁入三十大關之前，突然宣布決定離開糾結多年的感情，讓她幡然覺醒的理由是：「女人的青春有限，不能再這樣虛耗下去了！」

這段感情談了快十年，眼看青春一天天流逝，另一半卻遲遲不願做出承諾，好友內心很是受傷，但最傷的還是，她捧著一顆真心付出情感，並未獲得等值回報，男友多年來屢次劈腿，在這段關係中進進出出，兩人大吵、分手數回合，一拖好幾年，直到好友這次痛下決心。

我問她：「真的不回頭了嗎？」

她借用連續劇「犀利人妻」的經典名言做為回答：「不可能回頭，也回不去了。」

好友很快向公司提出留職停薪，並擬了一份遊學計畫書，打算花一年時間邊玩邊進修，一路從法國巴黎、英國倫敦玩到美國紐約，最後落腳舊金山，幾乎繞了大半個地球。出國遊學一方面是遠離傷心地，也展示絕不回頭的決心，同時更期許自己一個嶄新的未來。

姐妹淘在機場送別她之後，就在臉書上一路追蹤她的遊蹤，先看她在巴黎學烹飪，過一段日子又見她到倫敦練起瑜珈，接下來到紐約看歌劇、上表演課，她的遊學生活多采多姿，羨煞我們這一群朝九晚五的魚干女。觀賞好友在FB上演出大半年「享受吧！一個人的旅行」戲碼之後，有一天我們接到她的訊息開心宣布：「恭喜我吧！終於找到真命天子了。」

原來她在舊金山跟失聯多年的高中男同學碰面，男同學多年前曾偷偷暗戀過她，此番碰面兩人剛好都結束掉前一段情感，兩個傷心人一拍即合，很快就決定訂下終生，一段尋找自我的遊學旅程也就此有了happy ending。

好友在宣布喜訊的當天臉書上，貼了一則食譜，並寫了以下這段話：

「喝不完的黑啤酒，與其放在冰箱裡變了調，不如拿來燉牛肉。有時候堅持是一種美德，但有時候適時轉個彎，也許能找到更多驚喜！」

喝不完的黑啤酒，與其放在冰箱裡變了調
不如拿來燉牛肉。
這是一位朋友教給我的廚房秘技，
讓我在牛腱的美味裡重新找到對黑啤酒的尊敬。

08 × 黑啤酒燉牛肉

準備材料（6~8人份）

牛腱條 1公斤
黑啤酒 1500cc
洋蔥 1顆
紅蘿蔔 1根
西洋芹 2支
蒜苗 1支
番茄 4顆
雞高湯 500cc
番茄糊 3湯匙

配料&香料

匈牙利紅椒粉 10公克
大蒜 3瓣
月桂葉 1片
百里香 少許
洋香菜 少許
黑胡椒粒 少許
沙拉油 適量
鹽、糖、胡椒 適量

牛腱條切塊，川燙備用。番茄也切塊備用。

洋蔥、紅蘿蔔、蒜苗與西洋芹通通切塊，下鍋用油炒上色，倒入啤酒和雞高湯煮滾，放入牛肉、番茄和其他所有材料，煮滾之後，轉小火繼續燉煮60分鐘。

燉煮期間要打開鍋蓋，撈除表面的浮沫。燉到牛肉軟爛之後，再以鹽、糖與胡椒粉依個人喜好調整味道。

料理經驗分享

黑啤酒採用烘炒過的麥芽製造而成，風味特別濃郁，我試過其他口味的啤酒，發現黑啤酒燉出來的效果最好，因為黑啤酒的口感醇厚，喝來感覺會帶有一點苦味，但不會有淡啤酒的酸澀感，所以不會影響原有食材的風味。

09×伯爵紅茶燉小排

準備材料

小排骨 300公克

伯爵紅茶 600cc

蒜頭 8顆（不要去皮）

檸檬汁 少許

鹽 少許

胡椒 少許

砂糖 少許

檸檬皮（裝飾）

市場買回來的小排先洗乾淨，川燙後擦乾備用。

將2個伯爵紅茶茶袋，沖入700cc的熱水，泡出茶汁，在鍋中倒入泡好的伯爵紅茶，並將小排放一起煮到滾沸後，蓋上鍋蓋燉約5分鐘，打開鍋蓋轉為小火。放入整粒蒜頭，一起燉到茶汁收乾。

等茶汁收到微乾，再利用小火和鍋中小排釋出的油汁，將小排略煎一下，加入鹽和胡椒調味後，略略翻炒，最後在小排上撒上砂糖，擠入檸檬汁，關火後把刨成細絲的檸檬皮放在上面做裝飾。

料理經驗分享

伯爵茶帶有佛手柑的清香，正好去除排骨的油膩，加上起鍋前加入檸檬提味，非常適合夏天食用，吃再多也不會膩。

這道菜一定要用整粒蒜頭去燒，經過茶汁的燉煮，蒜頭變得非常軟綿，切記不要把大蒜皮去除，否則蒜頭會被煮得過於軟爛，反而品嚐不到它的口感。

用茶葉入菜不算創舉，
杭州人百多年前就懂得用青嫩的龍井茶葉炒河蝦仁。
我利用多泡出來的伯爵茶湯燒小排，把茶香慢慢鎖進排骨中，
意外發現英式下午茶，也可以變成料理美味。

飽食終日╳食慾

食慾像一根引線，牽動著胃口，
也點燃了生命的能量！

我愛吃，這幾乎是從小就帶來的癖好。媽媽至今還記得小時候餵我牛奶，只要動作稍稍慢一點，襁褓中的我馬上沒有耐性地號哭起來。

「好像欠妳很多錢一樣！」老媽總是又好氣又笑地回憶。

青春期的我，「暴食」症頭進入最高峰，幾乎一天二十四小時只要醒著，腦海中都在轉著可以找些什麼好料祭五臟廟？明明早餐才吃過麵包、喝過牛奶，一個鐘頭過去，肚子不爭氣又餓了起來。我常常利用幫媽媽到雜貨店補貨的空檔，偷偷跑到樓下街角的麵攤，叫碗陽春麵、切盤滷味，札札實實吃下我的早午餐。

如果你以為我會因此吃不下正餐？那就錯了！中午十二點，媽媽做好午膳，我依然捧場，滿心歡喜把一碗白飯扒得一乾一淨！接下來那一整天，從午後點心、下午茶到晚飯、消夜，頓頓不缺席。總之只要眼睛是張開的，我的嘴就沒有一刻閒著。

有沒有人像我這樣愛吃呢？我經常這樣喃喃自問。

長大後，食慾雖然不像青春期那麼驚人，對於吃，我卻一直有著無比興趣，食物總能為我帶來很大的滿足和幸福感，只要肚子吃飽了，心裡就有一種莫名的踏實感。前一段時間因為感冒，我的好胃口神奇地消失了，起初我還興奮莫名，心想這下不費吹灰之力就可以成功減肥。

沒想到失去胃口之後的我，也失去了對生活的熱情。食慾像一根引線，牽動著胃口，也點燃了生命的能量。那段時間我對任何事都感覺索然無味，像染了淡淡的憂鬱病，還好食慾在感冒痊癒後很快歸隊。

它回來的那一天早晨，我一早醒來還躺在床上，腦海裡就已經開始計畫著：今天吃什麼早餐好呢？馬鈴薯餅還是蛋餅？喝咖啡還是豆漿？

啊，好熟悉的感覺！然後我知道，久違的食慾回來了！

總是很難拒絕燉飯的美味，
每一粒吸收了湯汁的飽滿飯粒，
像被陽光圈住的金色祝福，
在吞下肚的瞬間，帶來無比的幸福感。

10 × 鮭魚奶油燉飯

準備材料
鮭魚丁 200公克
洋蔥末 50公克
義大利米 100公克
動物性鮮奶油 100cc

配料&香料
義大利綜合香料 1/4茶匙
薄荷葉絲 2片
橄欖油 1大匙
白酒 2大匙
魚高湯 500cc
起司粉 1大匙

在鍋裡加入500cc的水煮沸後，加入鮭魚丁川燙後，將魚肉取出，剩下的魚高湯及鮭魚丁都備用。

在淺底鍋裡，放適量橄欖油炒香洋蔥末，將義大利米加入鍋內一起炒香。

加入白酒、義大利綜合香料繼續拌炒。

分次加入備用的魚高湯繼續拌炒，讓米粒吸飽湯汁，直至約8~9分熟。倒入川燙好的鮭魚丁一起攪拌。

最後加入動物性鮮奶油、起司粉，再撒上薄荷葉絲即可。

料理經驗分享
用燙過鮭魚肉的湯汁當做料理燉飯時的高湯，是一位主廚教給我的料理技巧，直接把鮭魚肉釋放到水裡的鮮味再回送到飯粒中，如此一點都不浪費食材。

除了魚肉之外，像燙蛤蜊剩下的高湯也可以留作他用，達到提鮮的目的。

11× 西班牙海鮮鍋飯

準備材料

雞肉丁 50公克
連殼蝦 5支
透抽 150公克，切圈
紅椒 半顆，去籽切小塊
洋蔥 1顆，切末
米 1又1/2杯
臘腸 少許

配料&香料

橄欖油 適量
鹽、胡椒 少許
白酒 30cc
蒜仁 4片
番紅花 一些（泡20cc溫水）
魚高湯 1又1/2杯
青豆仁 100公克
淡菜 8個（洗乾淨，去鬚鬚）
檸檬 1顆，切瓣

在鍋中加少許橄欖油，先開中火熱鍋，放入臘腸丁翻炒2分鐘取出，再放入雞肉丁翻炒約2分鐘取出備用。

再放入切好的透抽，灑上白酒翻炒變白色取出；蝦子也一樣翻炒變紅後取出備用。

將紅椒放入鍋中，加入洋蔥、蒜仁一起翻炒到食物變軟，如果鍋裡的油已用盡，可適量加入一些，炒拌出香味後，倒入米一起翻炒，到米心透明，放入番紅花香料和高湯攪拌均勻。

滾沸後開蓋，將火轉小，蓋上鍋蓋續煮10分鐘，把米粒煮到8分熟。期間鍋緣會冒出蒸氣，記得一定要用小火，因為LE CREUSET鍋具的蓄熱能力較好，如果火力太大要小心容易燒焦。

10分鐘後開蓋，將剛剛煎過備用的臘腸、雞肉、蝦、透抽及青豆放入鋪在煮好的飯上，稍做拌勻，試一試味道鹹淡，依個人口味加入鹽和胡椒，再將淡菜插入食材上方，蓋上鍋蓋用小火再燜到自己喜歡的米粒口感即可，上桌前以檸檬瓣裝飾。

有一段時間迷上西班牙海鮮燉飯，
卻因為一直沒有買到Paella專用鍋，心中有點小小遺憾。
有一天意外發現LE CREUSET竟然有出做西班牙海鮮燉飯的專用鍋，
簡直欣喜若狂，買下它之後每次做海鮮飯，
都感覺自己來到了西班牙的艷陽下。

韓式馬鈴薯燉肉的味道醇厚，
冬天配著年糕吃特別過癮，
我在減重期間把年糕改成蒟蒻，
發現熱量少了，但一樣可以吃得很滿足。

12 × 韓式馬鈴薯燉肉配蒟蒻

準備材料

豬五花 600公克，切塊
馬鈴薯 1大顆，切塊
蒟蒻絲 適量
蔥 2支切段
蒜 6片
薑 3片

配料&香料

醬油 2大匙
韓式辣椒醬 2大匙
米酒 1大匙
麻油 少許
味醂 1大匙
鹽
辣椒 適量
水 300cc

豬肉燙過後備用。蒟蒻絲多泡幾次冷水，去除味道。

在熱鍋裡放麻油，先爆香薑蒜，放入燙過的豬肉，翻炒約5分鐘，讓豬肉的油脂被熱油逼出來。

放入醬油和米酒，加入水、韓式辣醬、鹽、味醂煮30分鐘，再放入馬鈴薯煮到軟，起鍋前加入蒟蒻絲，煮滾就可以食用。

料理經驗分享

蒟蒻由天南星科魔芋屬的多年生宿根性塊莖製成，具有低熱量高纖維的特性，它的吸水性特別好，會讓人體產生飽足感，進而達到減重的目的。

蒟蒻的品質好壞不同，往往造成口感上的差異，我喜歡買日本的蒟蒻絲，因為口感特別好。有些蒟蒻在製作時，會殘留味道，因此買回來的蒟蒻下鍋前記得多浸泡一下冷水，讓蒟蒻的味道去掉再下鍋。

家的溫度×好湯

「湯是家的溫度計」，
有湯才有家的溫暖。

從小愛喝湯。一頓飯可以沒有好酒好菜，不能沒有一碗湯。少了湯的餐宴，無論菜餚再豐盛，用料再高檔、手藝再精妙，對我來說，都像閱讀一本沒有結局的小説，有一種意猶未盡的遺憾。

因為愛喝湯，我從小就是湯大王，餐桌上的剩湯一向由我收尾。愛喝湯如我，對湯的寬容度很大，任何作料、做法的湯都能單全收，基本上只要上到餐桌，見到有碗好湯在桌上，我就歡天喜地。

這麼愛喝湯，一個重要原因是我覺得「湯是家的溫度計」，有湯才有家的溫暖。

冬天回家，聞到薑母鴨或麻油雞的香氣，一身寒意頓消，手和腳彷彿都暖和了起來。秋天寥索枯寂，喝一碗媽媽煲的西洋參烏雞湯，元氣馬上滿滿，明日起床又變成好漢一條。

天涼的時候想喝碗湯為自己打氣加油，天氣熱起來了，桌上同樣少不了一碗湯。春天用西洋菜煲生魚，喝出一身朝氣；夏季酷熱難擋，一碗冬瓜蛤蜊清湯下肚，去熱又消暑。沒時間曠日費時守著鍋爐煲一鍋鮮醇美湯，別氣餒，眾湯譜中也有諸多味美滾湯可供挑選，老廣家常煮的香菜皮蛋魚片湯，只要備好料，鋪排在湯碗中，再將燒滾的高湯趁熱沖入碗中，一方面燙熟魚片，也順勢沖出皮蛋和芫荽的鮮香。

離家獨居之後，煲一鍋湯仍是我一貫維持「家的溫度」的妙方。有時候工作忙起來昏天暗地，沒有辦法下廚做飯，到了週末，一定會抓緊時間為自己燉一鍋湯，家常的排骨蓮藕湯、清鮮的香菇雞湯、原味的洋蔥牛肉湯，就算忙到無法好好吃頓飯，加完夜班回到家，起碼還有鍋熱湯可以溫心暖胃。

這兩年，除了中式煲湯，我也學著做西式濃湯，從學炒奶油麵糊開始，一步步按著食譜和烹飪老師教的方法，端出頗具專業架勢的奶油玉米濃湯、鄉下濃湯、海鮮巧達湯。但跟費事的炒麵糊相比，我更愛另一種「簡易版」的濃湯做法，直接利用食材營造出稠厚緻密的濃湯口感，原食化原湯，不但省去炒麵糊的麻煩，連纖維都打成泥化為濃湯喝下肚，堪稱最環保的好湯。

連綿的陰雨、淡淡的憂鬱，不景氣的年代，就算沒有情人相伴，只要桌上有鍋好湯，一樣能消萬古愁。

13×青蒜馬鈴薯濃湯

準備材料（6~8人份）
馬鈴薯 500公克
青蒜苗 300公克
白酒 100cc
雞高湯 500cc
水 1500cc
月桂葉
百里香
鹽、胡椒
牛奶 500cc
鮮奶油 300cc
奶油 50公克

馬鈴薯去皮切塊；青蒜苗洗淨後切段。

把馬鈴薯、青蒜和白酒、雞高湯、水、月桂葉、百里香一起放入鍋中煮30分鐘。放涼後取出月桂葉，用果汁機打成極細的泥狀，過濾備用。

上桌前在湯裡加入奶油、鮮奶和鮮奶油煮開，並視狀況加水調整濃度，調味後就可以盛入湯碗中飲用。

料理經驗分享
這道我從烹飪班學來的濃湯，很適合做舉一反三練習，如果不放青蒜苗，就變成馬鈴薯濃湯，一樣好喝！

青蒜盛產的季節，
最適合煮青蒜馬鈴薯濃湯，
這是療癒系的濃湯，
能治療一整個冬季積聚的愁悶憂鬱，
趁熱喝下，陰鬱都走開了。

料理×香草的天空

PART2

日復一日，
我穿梭陽台和廚房之間，
因為多了香草的清芬做伴，
料理起來更多樂趣。

戀上泰國菜×痛快

吃泰國菜等同吃下一座熱情繽紛的南洋香料花園，
人生難得這樣痛快酣暢！

曾經有一段時間，很迷泰國菜。著迷於它複雜多變的香料，熱情交錯出濃烈狂放的滋味，暢快淋漓揮灑於味蕾之上，牽引出奔放的汗水和難以磨滅的記憶。對我來說，吃泰國菜等同吃下一座熱情繽紛的南洋香料花園，人生難得這樣痛快酣暢！

認真回憶起來，我對泰國菜的愛戀，起始於酸酸辣辣的冬蔭供，那是我對泰菜的初戀。最熱戀著泰國菜的那段時間，我在台灣喝過各種滋味的冬蔭供，有的酸鮮逼人、有的寡薄粗濁，品質良莠不齊。後來在超市發現可以買到各式現成的冬蔭供醬料。對水煮過之後，再加海鮮料、小番茄和蘑菇，就可以煮出幾分神似的酸辣蝦湯。

那段時間我吃了很多蝦湯，自認為對冬蔭供很有些心得。直到一次到普吉島旅遊，經在地人推荐，來到市集上一家著名的泰菜小館吃飯，這才喝到令人驚艷的冬蔭供。那一小碗盛在淡綠瓷碗中的蝦湯，紅澄透亮，辛香撲鼻，啜一口湯入喉，鮮、香、酸、辣依序在味蕾上鋪陳開來，是很有層次感的一碗湯。

後來有機會到曼谷學習泰國料理，聽一位大廚提起才知道，酸辣蝦湯雖隨處可見，但要找到對味的冬蔭供，就像尋找與自己情投意合的情人一樣難得。

大廚說，好喝的蝦湯必然是時間和功夫換來的，首先材料要新鮮，湯頭也有講究，清雞湯為底，再加上蝦膏蝦殼秘煉提鮮；佐以辛香料增添味覺的寬度與廣度：南薑、香茅、芫荽、紅蔥頭、檸檬葉加上檸檬汁為經，魚露、椰糖、紅咖哩、椰漿、乾辣醬加朝天鮮椒為緯，交織出看似鮮純卻極有深度的一碗美湯。

泰國大廚一席話聽得我目瞪口味，我當然知道好情人可遇不可求，只是沒有料到單純想喝一碗好的冬蔭供湯，原來也不是容易的事呢?!

雖然現在超市貨架上很容易買到現成的冬蔭供醬料，
但真正想喝碗道地泰式海鮮湯時，
我會不厭其煩備妥香料，
用火候和耐心交換一碗真正的美味。

01 × 泰式酸辣海鮮湯

準備材料

湯底

乾的檸檬葉 3片

南薑 2片

檸檬香茅 1支

紅辣椒 2根

紅番茄 3顆（每顆對切2次）

醬料

紅咖哩醬 1大匙

魚露 1小匙

椰漿 1/2罐

新鮮檸檬汁（約1顆量）

食材

蛤蜊

蟹腳

花枝

鮮蝦

草菇…分量自行決定

在先將湯底材料放在水中熬煮半小時，讓香料的味道釋放出來，再加入番茄繼續熬煮20分鐘，變成湯底。

在湯底中放入蟹腳熬出鮮味，再加入紅咖哩、魚露、檸檬汁和椰漿等醬料調味，等到湯再度滾起時，放下花枝、鮮蝦、蛤蜊、草菇，等待再一次滾起，看到食材都熟了，就可以盛入湯碗裡，上桌前摘兩片新鮮的香菜點綴在湯面上。

02×泰式椰漿咖哩雞

準備材料
帶骨雞腿肉 3支
馬鈴薯 2個
洋蔥 1個

香料及調味料
咖哩粉 1大匙
魚露 2大匙
糖 1大匙
椰漿 80cc
高湯 300cc
辣油 少許
香菜 15公克
碎花生 少許

先把材料分別處理好：雞腿剁塊；馬鈴薯切塊；洋蔥切大丁。

加熱鑄鐵鍋，倒少許橄欖油下去，先把雞腿放入煎到兩面金黃，煎的時候不要頻頻翻面，鑄鐵鍋的蓄溫性好，熱力平均，先把一面煎黃後，再翻面煎，這期間可以利用等待時間處理相關食材。

雞腿煎好之後取出，利用鍋裡釋出的雞油，將洋蔥丁和馬鈴薯一起放入炒香，再加入咖哩粉、魚露和糖一起拌炒，最後注入高湯和椰漿，等到煮開後，將煎過的雞腿放回鍋中，關小火再燉約10~15分鐘。

起鍋前把香菜末和碎花生撒入鍋中。

料理經驗分享
花生碎和香菜末是點綴這一道料理的靈魂，有時我會想像自己坐在棕櫚樹下，在大大的盤子中，放上熱騰騰卻不帶黏性的泰國香米，再淋上一大匙的椰漿咖哩雞，香氣四溢，真的很有南洋風！

我喜歡用鑄鐵鍋料理這道菜，
先在鍋裡煎香雞腿，再炒香洋蔥和馬鈴薯，
最後倒入椰漿和咖哩用文火慢煮，
一鍋到底，再方便不過。

從拳頭大的揚州獅子頭，到瑞典人的家常小肉丸，
各國都有不同風味的meat ball。
這道泰式肉球size迷你，
卻因為加進許多香料，風味特別濃郁。

03×泰式mini肉球

準備材料

豬絞肉 500公克
蛋 1顆
麵包粉 40公克
蔥 2支，切碎
熟的栗子 3大匙，切碎
新鮮薄荷 2大匙，切碎
新鮮芫荽 2大匙，切碎
嫩薑 2大匙，切碎
萊姆皮 半匙，切碎
魚露 1大匙
甜辣醬 2大匙

先把烤箱預熱，上下火全開加熱到攝氏210度。

豬絞肉置於大碗中，加入打散的蛋、麵包粉、蔥碎、栗子碎、薄荷、芫荽、嫩薑、萊姆皮、魚露、甜辣醬，混合均勻之後，稍微摔打一下備用。

用湯匙約舀一大匙材料，捏製成一顆肉球。在烤盤薄薄抹上一層油，再把捏好的肉球排在烤盤上，放進已經預熱好的烤箱烤約20分鐘。

料理經驗分享

帶有濃濃香料味的肉球，直接吃就很夠勁。如果怕單吃肉丸過乾，也可以沾上少許蜂蜜芥末醬或泰式甜辣醬食用，滋味都很不錯。

尺寸迷你的泰式肉球，也是很理想的派對小食，事先準備好在party時送上，正好一口一個，姐妹們不用擔心吃掉口紅，弄花彩妝。用來搭配有氣泡的香檳或啤酒最對味不過。

04 × 優格咖哩魚片

準備材料

鯛魚片 600公克
洋蔥 1顆，切碎
馬鈴薯 500公克，切小塊
肉桂條 1條、砂糖 2茶匙
月桂葉 2片、番茄罐頭 1罐
高湯 300cc、香菜 少許
鹽和胡椒 適量

醃料

生薑 40公克，切末
薑黃粉 1茶匙、蒜仁 2顆，切末
咖哩粉 2茶匙、原味優格 150cc

先取一個大碗，把薑末、薑黃粉、蒜末、咖哩粉、優格一起放入碗中攪拌均勻，再將魚片放入碗中，使調味料均勻附著在魚片上。

在鍋子裡放少許油並加熱，放下洋蔥碎在鍋中炒香，再加入肉桂條、糖及月桂葉一起炒香。接著放入番茄糊、高湯及馬鈴薯，不用蓋上蓋一起煮滾，直到馬鈴薯變軟，湯汁變得濃稠。

將火轉到最小後，再把魚肉和優格調料一起倒入鍋中，蓋上鍋蓋再煮約8分鐘，直到魚肉熟透，再試試鹹淡，依個人的口味調味，起鍋前把新鮮香菜末撒下。

料理經驗分享

最初我從網路上找到這個食譜，利用冰箱裡吃剩下來的優格，買來鯛角片試做，沒想到一試成功。我發現要把這道菜煮得好吃的秘訣之一，是一旦魚肉下鍋之後，火就要開得很小，這樣煮出來的魚肉才會軟嫩。

沒有熟悉的蒸魚鮮滋味，
也不是厚味的紅燒魚，
優格咖哩魚片帶來慵懶的南洋味覺回憶。

香草小花台×料理

七手八腳填進培養土，再把植栽一一種進去，
一個綠油油的迷你香草森林就在陽台上蓬勃成形。

一年多前搬了新家，從都市北端搬到南區，換了新房子，坪數雖然變化不大，但最棒的是新屋有個南向的小陽台，入秋之後，陽光一點一點斜斜曬進來，陽台看來生氣勃勃。難得擁有這樣一個陽台，好像該利用它來種些東西，我在心裡喃喃自語。

找了一個週末，專程跑到花市，我為陽台選購了兩個六十公分長的木製植栽箱，順手買了七、八盆香草植物。回家後，把植栽箱掛在陽台的欄杆上，七手八腳填進培養土，再把植栽一一種進去，一個綠油油的迷你香草森林就在陽台上蓬勃成形。

從那天開始，每天早上醒來第一件事，就是走到陽台跟香草植物打招呼，為它們澆點水，摘掉枯葉，說說話，然後才匆匆展開忙碌的一天。我不算綠手指，香草種在陽台上，一開始也碰到不少挫折，種了死、死了再種的情形一再發生。但是慢慢地我理出心得，發現有些阿信型的香草是打不死的蟑螂，耐旱耐濕，即使疏於看顧也能自在生長；有些則嬌弱要人伺候，季節一過就要全部剃頭，重新來過。

阿信型的香草像薄荷、檸檬香茅、香蜂草、九層塔、紫蘇、辣椒、迷迭香、百里香，大半年來都在陽台上適應良好，有時候要做菜了，臨時缺少香料，走到陽台東剪剪、西摘摘，馬上可以派上用場，即使摘光了也不須太擔心，過一陣子又見它們茂長起來，生生不息。

有了迷你香草花台之後，做起菜來更得心應手，春天的早晨，摘下香蜂草配幾片紫蘇，為自己泡一壺晨間甦醒茶；長夏溽暑，用薄荷結成冰塊，沖一杯冰冰涼涼的蜂蜜檸檬水；料理羊排，陽台上的迷迭香是最佳絕配；炒青醬義大利麵，摘一朵紫色九層塔花，添色又增香……

日復一日，我穿梭陽台和廚房之間，因為多了香草的清芬做伴，料理起來更多樂趣。

用鑄鐵平煎鍋把鮪魚兩面輕輕炙烤上，
再用插花的心情，
把各式新鮮香草鋪排在魚身上
有如香草花園一般的魚料理。

05×檸檬香草風味炙鮪魚

準備材料

鮪魚 500公克

Mozzarella起司 200公克

牛番茄 2顆

青蔥 2支

洋香菜、薄荷葉、九層塔葉、新鮮百里香 各適量

巴撒米克酒醋 適量

醬汁

檸檬 2顆

特級橄欖油 適量

蜂蜜 少許

鹽、胡椒 適量

檸檬先用刮刀取下綠色皮絲，之後再取肉擠汁，並將皮絲切碎。檸檬肉也切成小丁，與檸檬汁、皮絲還有特級橄欖油混和，用蜂蜜、鹽與胡椒調味備用。

接著處理配料：牛番茄去籽切丁；青蔥洗淨切末；洋香菜、薄荷葉與九層塔葉洗淨，摘下葉子備用。

鮪魚平均切成四塊，形狀以矩形為佳，每塊厚度要有2cm厚。在魚肉上撒上鹽與胡椒，用烘焙噴槍將每一面炙烤上色，但千萬不要讓魚肉熟透。

將Mozzarella起司切成四片，放在盤子中央，然後將炙烤好的鮪魚對切後，並排放在起司上面，切面朝上。在鮪魚上鋪上適量番茄丁與青蔥末，再將各式香草像插花一般插排在上面。

最後淋上橄欖油檸檬醬汁，再淋上少許巴撒米克酒醋點綴提味。

料理經驗分享

Mozzarrella起司要用整塊新鮮的，而不是焗烤用絲狀的。上面的香草依照容易取得的品項隨意選用。

這是很手工的一道菜，搭配烘焙用的噴槍，簡單達成五星級的料理效果，是做來很有成就感的一道菜。

06×香草鹽焗梅花黑豬

準備材料

梅花黑豬肉 1塊，約500公克

蛋白 1~2顆

鹽或海鹽 600~800公克

百里香與迷迭香 各少許

馬鈴薯 1顆，切塊狀

洋蔥 1顆，切片狀

紅、黃椒 各1/2個，切塊狀

黑胡椒 少許

在黑豬肉塊上均勻撒上黑胡椒後，兩面煎到金黃備用。

以打蛋器打散2顆蛋白，將鹽巴及香草與蛋白混合做成香草鹽。在Le Creuset鍋底先平鋪一層香草鹽，豬肉置於鹽上，再將剩下的鹽把豬肉緊緊保裹起來。洋蔥、馬鈴薯與紅、黃椒置於鹽包邊，蓋上蓋子以攝氏200度烤約30分鐘。

打開蓋子，蔬菜抹少許橄欖油後，以攝氏180度烤約10分鐘，烤好的肉塊取出後，要用開水沖洗過，切片即可食用。

封在海鹽裡焗出來的豬肉
意外地嫩美又多汁，
有空的時候，一起來為豬肉做三溫暖鹽浴吧！

06×香草鹽焗梅花黑豬

料理經驗分享

這一道料理是我看雜誌介紹學來的，後來發現類似概念的做法，在廣東菜和杭州菜裡也有，像廣東知名的鹽焗雞，以及江浙著名的叫化雞，都是在肉類外覆上一層鹽巴或耐火泥，再丟進烤箱焗烤，間接受熱熟成的肉，烤出來特別嫩美多汁。

這道菜我做過許多次，幾乎可以說是不敗料理，我發現用海鹽烤出來的效果比較好。由於這是一道吃豬肉原味的菜餚，豬隻的挑選也很重要，黑豬肉是唯一選擇，朋友說，吃起來有山豬肉的野味，有別於一般我們吃的豬肉料理喔。

香料嫩煎雞的食譜來自美國名廚茱莉亞（Julia Child）之手，
在料理的同時，總是想像著自己和她一樣，
心情不知不覺法國了起來呢！

07×普羅旺斯香料嫩煎雞

準備材料
雞腿排 3支
奶油 100公克
百里香 1茶匙
羅勒 1茶匙
茴香 1/4茶匙
未剝皮大蒜 3瓣
白酒 160cc
鹽、胡椒 少許

醬汁
蛋黃 2顆
檸檬汁 1茶匙
白酒 160cc
羅勒 2茶匙
茴香 2茶匙

將奶油放到鍋中加熱直到起泡，將雞皮那面朝下直接放入鍋中煎約2分鐘翻面，兩面都煎到呈現均勻的金黃色。再把1茶匙的百里香、羅勒、1/4茶匙的茴香和鹽、胡椒灑在雞腿排上調味，並將三瓣未剝皮的大蒜丟進鍋裡，蓋上鍋蓋，轉小火燜煮10分鐘。

醬汁：先用湯匙將鍋中的大蒜壓碎，並將蒜皮取出，加入白酒，以中火烹煮讓酒精揮發，把雜質與香料用濾杓撈出來，收汁到原本量的一半。

另外準備一只醬汁鍋，將兩個蛋黃倒入，並用打蛋器打至黏稠，接著加入一湯匙檸檬汁及白酒拌勻，再加入1匙煎雞剩下的高湯，並持續攪拌，將醬汁收至濃稠。這時候加入兩湯匙羅勒及茴香調味，全部加入後轉小火，並攪拌數秒使醬汁保持溫度與濃稠度。

上桌前先將香料雞腿排放在盤中，再將做好的醬汁淋在雞腿排上就完成了。

08×香料起司燉蛋

準備材料

洋蔥 1/2顆，切絲
紅椒 1/4顆，切丁
黃椒 1/4顆，切丁
蘑菇 5顆，切片
九層塔 數片，切碎
黑胡椒、鹽 少許
帕馬森起司 適量

醬汁

番茄糊 半罐
牛番茄 2顆
紅蘿蔔 1/2根，切丁
馬鈴薯 1/2顆，切丁
百里香 2支
鹽和胡椒 少許
豬絞肉 150公克
洋蔥 半顆，切丁

先來燉番茄肉醬

鍋中放油，加入洋蔥丁炒香後，再放下豬絞肉翻炒，並加入紅蘿蔔丁及馬鈴薯丁，拌炒一下之後，把番茄糊及新鮮牛番茄丁、百里香一起放進鍋裡攪拌煮滾，這時候可以加一點水調整濃淡，最後依個人口味加鹽和胡椒調味。

煎鍋裡放油，加入半顆洋蔥絲、紅、黃椒丁拌炒一下，上面鋪上熬好的燉番茄肉醬鋪平，煮到表面冒出小氣泡，再放入蘑菇片鋪平。

在鍋裡打上3顆雞蛋，撒上黑胡椒及鹽，並撒入帕馬森起司，略煮一下讓雞蛋呈現自己喜歡的生熟度，熄火前撒上九層塔碎提味。

料理經驗分享

燉番茄肉醬學起來之後，可以應用於許多料理中，拿來拌麵、拌飯或夾在麵包裡都非常美味。因此每次熬製肉醬，都會一口氣熬上一鍋，分別裝在大小不同的保鮮盒內，存放於凍庫中，隨時要用，拿下來解凍就可以應急。

如果不敢吃太生的雞蛋，建議可以加上鍋蓋燜煮一下，但我覺得蛋黃心呈現半生不熟的狀態，吃來非常有風味。

晚起的週末早晨
有時侯我會動手為自己做一頓豐盛早午餐，
這一道香料起司燉蛋，
是百吃不厭的選擇。

滋味濃郁的香草紅酒培根，
匯集香草、紅酒和焦糖的香氣於一爐，
越燉越好吃，越吃越開胃！

09 × 香草紅酒煮厚片培根

準備材料

1cm厚的厚片培根 8片
紅酒 500cc
砂糖 200公克
紅蔥頭 20顆
蘑菇 200公克
新鮮百里香 1束
月桂葉 1片
八角 2顆
黑胡椒粒 10顆
香草豆莢 1支
白蘭地 200cc
無鹽奶油 50公克
鹽、胡椒 適量

培根煎上色，放在廚房紙巾上吸除多餘的油脂備用。蘑菇洗淨，無鹽奶油切塊冷藏備用。

砂糖下鍋，不要加水以中小火煮到全部融化，並且出現焦糖的香氣。倒入一半的紅酒（小心噴濺），等到鍋子中恢復平靜之後再開中大火，並將剩下的紅酒倒進去。同時將白蘭地、紅蔥頭、百里香、月桂葉、八角、黑胡椒粒放進去煮，香草豆莢對剖後也放入鍋子中，開中小火燉煮。

等到鍋子中的湯汁剩下一半的時候，再將煎香的厚片培根與蘑菇一起放進去，煮10分鐘就可以離火。用鹽與胡椒調味，並加入奶油攪拌使湯汁稠化即可。

誰愛香菜?!×主觀

等到愛上廣東人的芫荽皮蛋魚片湯，
又迷戀上泰國菜之後，
芫荽在我的味蕾辭典上才正式升等，成為「香菜」。

「你愛不愛香菜？」第一次請朋友到家裡吃飯，我通常會提出這樣一個問題。

如果答案是肯定的，這位客人的口味寬容度通常比較大，愛吃的東西比較多。

萬一對方頻頻搖頭：「別給我香菜，我怕那味道啊！」那麼我就要再多仔細問一問，還有那些東西是他也不愛吃的。多年來，我用這個問題問過很多人，準確度幾乎十拿九穩。

如果你問我：你愛不愛香菜呢？

我會告訴你：我愛香菜，尤其喜歡它銳利清新的獨特香氣。

小時候我跟大部分小朋友一樣，對於奇突的芫荽香很「感冒」。長大之後，慢慢學習欣賞香菜的味道，最初從魷魚羹上提味的那一撮開始，然後是潤餅捲裡包的香菜，等到愛上廣東人的芫荽皮蛋魚片湯，又迷戀上泰國菜之後，芫荽在我的味蕾辭典上才正式升等，成為「香菜」。

廣東和泰國人都是愛用香菜的好手，我認識的粵廚沒有一個人不喜歡香菜，夏天，他們用芫荽、皮蛋煮湯，趁熱沖入片薄的魚生當中，新鮮的魚片一忽兒就被熱湯燙得發白，湯清味鮮魚肉嫩，廣東人說它「降火消暑」！

泰國菜更是除卻芫荽不成味，無論做涼拌、熱炒、咖哩，香菜是一定要放的，而且不只放葉子，根、莖、種子通通加進去，泰國人尤其酷愛香菜根的味道，因為它的香氣比葉子濃郁，能讓菜餚散發出煥然一新的味道。

被東方人稱「香菜」的芫荽，到了西方可不一定吃香，變成「臭臭」的菜。「芫荽」coriander的字源Koris在希臘文中是「臭」的意思。但因為藥用和烹調功能，芫荽還是被人栽種了三千年之久，梵文經典、埃及紙草抄本和「一千零一夜」故事裡都曾經提到它，聖經把芫荽種子和上帝所賜的食物嗎哪相比，埃及人視芫荽為春藥，希臘人用它調酒，無論你愛還是不愛，芫荽能鎮靜心神，幫助消化，又能為菜餚畫龍點睛是不爭的事實。

至於你覺得它是香是臭，那是你的主觀，說穿了，這干香菜底事?!

尋常的梅花豬肉排，可以試著變化一下吃法，
改煎為烤，配上開胃莎莎醬，馬上多了墨西哥風情。

10 × 烤厚片豬排佐莎莎醬

準備材料

2cm厚片豬梅花肉排 4片
鹽、胡椒

莎莎醬

聖女小番茄（紅黃各半） 300公克
洋蔥 1顆、大蒜 2瓣、香菜 1把
檸檬汁 50cc、柳橙汁 50cc
特級橄欖油 適量
Tabasco辣醬 適量
鹽、胡椒 適量

先製做莎莎醬

聖女番茄洗淨之後一個切成四份、洋蔥切碎。大蒜去皮切碎、香菜洗淨甩乾之後也切碎。將所有材料混和，加入適量特級橄欖油拌勻，讓莎莎醬不會過於乾澀。依照個人喜好加入適量的Tabasco辣醬，最後以鹽、胡椒調味。

接下來煎厚片豬排，將梅花豬排抹上鹽和胡椒之後下鍋，將表面煎到金黃色，放進預熱至攝氏200度的烤箱烤15分鐘，烤好的豬排放在溫暖的地方靜置10分鐘。

把煎好的豬排放在盤子中間，上面可以放一些香菜做裝飾。莎莎醬圍繞著豬排擺放一圈，或用小碟子盛裝配在豬排旁。

料理經驗分享

學會做莎莎醬之後，我經常做來搭配玉米脆片，成為午後三五好友相聚時的點心。有一次煎豬排做為晚餐，臨時找不到配菜，就近利用冰箱裡多做的莎莎醬做為配菜，沒想到意外合拍，此後莎莎醬又多了一個新的搭配途徑。

11×巴撒米克匯時蔬

準備材料

橄欖油 2大匙

大蒜苗 2支，切3公分段

紅椒 1顆，切塊

黃椒 1顆，切塊

巴撒米克酒醋 3大匙

香菜 1小束，切碎

鹽和胡椒 少許

鍋中放油預熱，加入大蒜苗炒香，再加入紅椒及黃椒拌炒，轉小火蓋上蓋煮約3分鐘。

打開鍋蓋，加入巴撒米克酒醋拌炒均勻，並讓酒醋的嗆味散發，直到蔬菜都變成金黃色。最後加入香菜碎和鹽、胡椒調味。

料理經驗分享

這道南義佳餚的用料很簡單，關鍵材料是巴撒米克酒醋，只要能買到頂級的陳年摩典那巴撒米克酒醋（Aceto Balsamico Tradizionale di Modena），在拌炒紅、黃椒的時候輕輕淋下幾滴，馬上就有點石成金的效果。

由於經典的摩典那紅酒醋價格不菲，一般人不想下重手，只要用好一點的巴撒米克酒醋，做出來的風味也不差。

非常簡單的一道菜，不擅烹飪的人也可以輕鬆上手，無論熱吃還是冰冰的吃都很開胃。

吃不完的西洋梨，喝不了的紅酒，
加上陽台上摘下來的百里香、薄荷，
我照著食譜做紅酒燉梨，總是贏得佳評如潮！

12 × 香草紅酒燉梨

準備材料

西洋梨 6顆、檸檬 1顆

紅酒煮汁

紅酒 2瓶、砂糖 400公克
香草豆莢 1支、新鮮百里香 1把
肉桂棒 1支、薄荷葉 1把
八角 2顆、丁香 2顆
月桂葉 1片、胡椒粒 5顆

西洋梨削皮，擠上檸檬汁備用。

將紅酒煮汁的所有材料都放入鍋內，煮滾之後放入西洋梨，轉中小火。不時翻動西洋梨，讓西洋梨均勻的浸在紅酒煮汁中。當刀尖可以輕易刺穿梨肉，就可以離火，冷卻之後，把西洋梨放到冰箱中冰鎮一晚即可食用。

食用時可以淋上少許紅酒煮汁，有時候我會再搭配一球優質的香草冰淇淋，滋味更棒！

料理經驗分享

最好挑選比較硬的西洋梨，這樣經過燉煮後，依然可以保有口感和完整外型。

同樣的材料也可以把紅酒換成白酒來煮，煮出來的風味不同，但一樣好吃。

吃完剩下的煮汁千萬別倒掉，可以重複利用。

點心×輕鬆過生活

PART3

肚子有點空虛，心靈有點渴望，
身心都需要安頓的時候，
做點心來填飽肚子，撫慰靈魂吧！

吃掉憂鬱，我愛鹹點！×秋天

配合這個鬱藍陰暗的天氣，我打開筆記本，
從眾點心中挑了「藍起司風味菌菇烤鹹派」
做為週末的開胃鹹點。

過了中秋，太陽一天比一天偷懶，晚起早退，日照時間明顯縮短，天氣一日日冷涼起來，這樣的日子讓人格外想走進廚房，弄點好吃的東西提振精神。

一個冷涼欲雨的週末午後，我賦閒在家，突然想把日前上過的鹹點課拿出來複習。配合這樣鬱藍陰暗的天氣，我打開筆記本，從眾點心中挑了「藍起司風味菌菇烤鹹派」，做為週末的開胃鹹點。

從冰箱搬出麵粉、奶油和雞蛋，依序放進攪拌器裡讓它們攪和糾纏。接下來照著食譜上的步驟處理餡料，先把香菇送進暖水裡浸泡，泡到菇身濕軟，像海綿一樣吸飽水分，再把香菇和刷洗乾淨的蘑菇都一一切片，一起在鍋裡用橄欖油炒到香味溢出。

用手隨意剝碎藍紋起司丟進鍋中，和雙菇拌炒均勻，倒下鮮奶油，大手筆撒下洋香菜，再到陽台剪一小枝百里香一起下鍋，用木杓慢慢攪動，看鮮奶油漸漸收濃，在藍紋起司和奶油菇香中，光陰加快了腳步。

等我把擀好的派皮填入烤模，鑲進餡料，豪氣撒上帕馬森起司粉，把派送進烤箱之後，回頭看看時鐘，兩個鐘頭已悄悄走過。

窗外的天空看來依然心事重重，灰暗欲雨，扭開客廳的檯燈，為自己斟一杯紅酒，算算時間，再三分鐘鹹派就要出爐。我返身關上窗戶，把陰鬱趕出門外。

鹹派和紅酒萬歲，這個週末，我要吃掉憂鬱！

帶有特殊氣味的藍紋起司，
總是好惡很分明，
這個以藍紋起司做主角的鹹派，
味道不像單吃時那麼強烈，
卻給了鹹派更醇厚的風味。

01×藍起司風味菌菇烤鹹派

準備材料

派皮

低筋麵粉 180公克
奶油 120公克
雞蛋 60公克
鹽 少許

餡料

生香菇 150公克
乾香菇 30公克
蘑菇 150公克
藍紋起司 100公克，事先剝碎
鮮奶油 200cc
Parmigiano帕馬森起司 50公克，磨成粉
雞蛋 2顆
新鮮洋香菜 1束，切碎
新鮮百里香
沙拉油 少許
鹽、胡椒

先做派皮

將麵粉與奶油放入攪拌機攪拌，再加入雞蛋攪拌勻成麵糰。用保鮮膜包好，放入冰箱冷藏30分鐘。取出麵糰擀成適當大小與厚度（約3mm），鋪入模子中，除去邊緣多餘的麵皮，冷藏備用。

01×藍起司風味菌菇烤鹹派

再調餡料

乾香菇事先泡水，泡軟之後後切丁，香菇水保留備用。

生香菇與蘑菇都切片，與乾香菇下鍋一起炒香，倒入香菇水煮滾並收汁，收到剩下約1/4。將鍋子離火，並加入事先剁碎的藍紋起司，攪拌均勻之後再倒入鮮奶油攪拌，撒上洋香菜與百里香，最後加入雞蛋與帕馬森起司攪拌均勻，視個人口味用鹽與胡椒調味。

將做好的餡料倒入派皮中，表面撒上一層帕馬森起司粉，放入已預熱至攝氏220度的烤箱烤15~20分鐘。

料理經驗分享

許多人都覺得製作派皮很麻煩，所以當時間不充裕的時候，可以在家準備現成的派皮，或用消化餅乾壓碎加上奶油混和後，鋪平在烤盤上來代替傳統派皮。

02×薑汁燒肉珍珠堡

準備材料（約可做3個）
五花肉 200公克
洋蔥 100公克
薑泥 1大匙
熟米飯 450公克
生菜 6片，切絲

調味料
醬油 50cc
糖 30公克
米酒 30cc
味醂 15cc

先處理薑汁燒肉
將醬油、糖、米酒、味醂混和；洋蔥切末；五花肉切片。熱鍋後放少量油，倒下五花肉片在鍋中拌炒到熟，加入混合好的調味料，煮到略為收汁，再倒下洋蔥末拌炒到透明，加入薑泥拌炒一下就可以熄火。

再做米漢堡
將煮熟的米飯略搗到略有黏性，將飯分成6等份並壓平成米餅，同時在表面刷上少許奶油和醬油，然後放入加熱後的平底鍋，煎到雙面焦黃。

組合
在一片煎香的米餅上，順序放上生菜絲、炒好的薑汁肉片，再加上生菜絲，最後再蓋上一片米餅，就是好吃的薑汁燒肉珍珠堡了。

為愛吃燒肉珍珠堡，
一天突發奇想在家試做看看
沒想到居然成功做出
庭版的薑汁燒肉珍珠堡。

02×薑汁燒肉珍珠堡

料理經驗分享

有一段時間很愛吃摩斯漢堡的米漢堡，覺得它非常貼近東方人的胃口。後來學做日式薑汁燒肉，發現這道食譜簡單無比，美味達陣度又高。等到有一天學會做日式烤飯糰之後，才恍然想到壓扁的烤飯糰+薑汁燒肉+生菜絲＝燒肉珍珠堡，於是在家試著做出來，果然成功！

03×法式起司焗洋芋

準備材料

中型馬鈴薯 6~8顆

培根 5片

Gruyeres起司 100公克，刨絲

Parmigiano起司 50公克，磨成粉

奶油 50公克，切小丁

鮮奶油 150cc

新鮮洋香菜 適量，切碎

鹽、胡椒 適量

先在烤盅的容器底部抹上一層奶油；培根切丁下鍋略炒。

馬鈴薯切薄片後，先鋪一層在容器底部，撒上少許鹽、胡椒，放下炒香的培根丁和奶油（也可以撒少許Gruyeres起司）。

再重複一~兩次以上動作，直到容器九分滿。將鮮奶油倒入容器中，放入已預熱至攝氏160度的烤箱烤30~40分鐘。完成後取出，撒上Gruyeres起司，再撒上些Parmigiano起司粉，放回烤箱再烤5~8分鐘就可以出爐，上桌前再撒上一點洋香菜葉。

料理經驗分享

起司不一定要照著食譜用，例如把Gruyeres起司換成披薩起司、或是加一點煙燻起司都可以讓這道菜吃起來不一樣，喜歡大蒜的人也可以撒點大蒜碎一起焗烤。

焗洋芋是點心，也可以是正式餐宴上的主食，
無論做為點心還是主食，都讓人吃得心滿意足。

當天氣漸漸轉涼，
黑夜越來越長，白天越來越短，
就會想起暖暖的牧羊人派，
它是溫心暖胃的鹹點。

04 × 傳統英式牧羊人派

準備材料

牛或羊絞肉 1盒（約200公克）
紅蘿蔔 1小根（約150公克），去皮切小丁
西洋芹 1支，切小丁
青豆仁 100公克
馬鈴薯 5顆（約300公克）
番茄糊 1大匙
紅酒 100cc
月桂葉 2片
百里香 1小匙
牛奶 250cc
蛋黃 1顆
鹽、胡椒 適量

先熱鍋，放適量橄欖油，把切成丁的洋蔥、紅蘿蔔、西洋芹炒軟後，加入月桂葉與百里香，在等待蔬菜炒軟的同時，先另外燒一鍋熱水，是要煮馬鈴薯用的。

鍋裡的蔬菜炒軟了，再將牛絞肉加入鍋內與蔬菜一起拌炒，炒約5分鐘後拌入青豆仁。加入一大匙番茄糊，炒到湯汁收乾，再倒入紅酒，開大火先把酒精煮到揮發，加入鹽巴及胡椒調味，用夾子把剛剛加入的月桂葉跟百里香撈出來，再把這鍋餡料填入烤模內備用。

馬鈴薯煮軟後撈出，去皮，搗成泥，加入牛奶、鹽巴、胡椒調味。把拌好的馬鈴薯泥用湯匙填在牛肉餡上，整理好之後，刷上蛋黃液。送入已預熱至攝氏200度的烤箱烤15分鐘，就可以端上桌食用。

料理經驗分享

濃郁又夠味的牧羊人鹹派是很傳統的一道鹹點，如果用鑄鐵鍋做這道菜，可以直接把洋芋泥鋪在炒好的餡料上，送進烤箱烘烤，省下多洗一個鍋子的麻煩。

鹹派裡的肉醬，除了鋪上洋芋泥，我還會夾在墨西哥烤餅裡，或是和義大利麵一起伴著吃，百搭又美味！

用點心輕鬆過生活×隨興

肚子有點空虛，心靈有點渴望，身心都需要安頓的時候，
就做些點心來填填肚子，撫慰靈魂吧！

單身多年，很習慣一個人做很多事，唯獨吃飯這檔事，怎麼樣都是人多比較好。

下廚做飯也一樣，做給自己吃的一人料理通常比較隨便，但如果餐桌上有人分享，做起來菜來就會起勁許多。

愛上下廚這幾年，每次學會或研發出一道新菜，我總是像獻寶一樣馬上做給朋友或情人分享。結婚之後，情人晉升為另一半，角色也從吃客變為試吃員，除了要負責吃掉我端上桌的好菜，還要提供寶貴意見，做為下次再改進的空間。

但總也有些時候，因為工作太累，或身體疲倦，或另一半出差，又剩下自己一個人生活的時候，就想偷偷懶，不做飯也不做菜，這時候簡單的點心就會出場。

做點心的好處是，它做來泰半比較輕鬆。

因為點心不是正餐，而是餐與餐之間的點綴，還不到用餐時間，但是肚子有點空虛，心靈有點渴望，身心都需要安頓的時候，就做些點心來填填肚子，撫慰靈魂吧！

用點心可以輕鬆過生活，也可以餵飽一個人的身心。

05 × 焗烤南瓜盅

準備材料
南瓜 半顆
披薩起司 少許

白醬
奶油 30公克
麵粉 30公克
鮮奶油 30cc
水 150cc
鹽 少許

南瓜洗乾淨不要去皮切塊狀，放入滾水煮約8分熟。

製作白醬：鍋中放入奶油，然後加入麵粉充分拌均勻，再緩緩加入水煮成麵糊到化開，放入少量的鹽，最後拌入鮮奶油煮到濃稠。

將煮好的南瓜放入烤盅，表面淋上白醬，最後鋪上披薩起司，放入已預熱的烤箱，以攝氏200度烤8分鐘。

料理經驗分享
白醬為南瓜帶來不凡的風味，烹煮白醬期間記得要用小火，且用木杓不停攪拌，以免焦底。

南瓜的營養豐富，
是最好的點心主角，
只要學會白醬的做法
就可以焗烤出美味的南瓜盅。

週末午后，慢條斯理在廚房油炸洋蔥圈，
一口啤酒，一口洋蔥圈，
狠狠吃掉一星期的疲憊與辛勞！

06×黃金洋蔥圈

準備材料

洋蔥 2顆，切成圈狀間隔約1公分

外皮麵糊

蛋 1顆

牛奶 260cc

中筋麵粉 1大杯

鹽 2茶匙

泡打粉 2茶匙

胡椒、鹽 適量

洋蔥切開後，切成圈狀，並泡入冰水中約30分鐘。取出後放在乾淨的布或廚房紙巾上，將表面水分吸乾。

將蛋黃、牛奶和一大匙橄欖油混和，再陸續加入麵粉、鹽及泡打粉均勻混和後變成液狀麵糊（如果麵糊太稠請放入少許水）。

在鍋子裡放入蔬菜油約鍋子的1/2高，並且加熱油溫約到攝氏180度（麵糊一滴下，先沉入鍋中後，馬上浮上來）。

將蛋白打發到硬挺，再拌入到麵糊裡，將擦乾的洋蔥圈裹上麵糊，放入熱油中炸到兩面金黃色（期間翻轉一次即可，大約各5秒）。取出後先放在餐巾紙上吸油，然後撒上胡椒、鹽就可食用。

料理經驗分享

洋蔥切開後放入冰水中冰鎮，是為了讓口感更輕脆。洋蔥表面多餘的水分，會讓油炸後的洋蔥圈很快變軟，所以在裹上麵糊時，請將洋蔥圈的表面水分吸乾。

幸不幸福，都愛吃甜點×友情

吃甜點跟幸福無關，但一道美味的甜點下肚，
的確能為人帶來一絲幸福的感覺…

你愛不愛吃甜點？吃甜點跟幸福無關，但一道美味的甜點下肚，的確能為人帶來一絲幸福的感覺。

上星期跟大學同學茱娣通電話，好一段時間沒聯絡，她的聲音在電話那端聽來意興闌珊，這一年來感情與事業雙雙盪到谷底，茱娣說現在沒有什麼事能讓她提起勁兒來，她形容自己「好像沉在河流底層的爛泥，一點力氣也沒有。」

為了拉她浮出水面，我力邀她來家裡做客，想為她打打氣，也想著要怎麼樣才能讓她重新產生幸福的感覺。

一整個下午，我做了西班牙海鮮燉飯，熬了一鍋有著初秋金黃色澤的南瓜濃湯，煎了一條魚，烤了香料雞，最後慎重考慮該準備一道什麼甜點，才能挽回低盪的心情？想來想去，「巧克力千層派」會是不錯的選擇。因為書上說：巧克力有一種魔力，能讓人找回戀愛的感覺。可可豆中所含的可可鹼，有助提振情緒，抵抗抑鬱。我想，正適合茱娣！

果不其然，那一晚茱娣不單單吃掉盤裡的菜餚，還跟著我一起動手學煎可麗餅，幫忙把巧克力醬塗在可麗餅上，一層又一層地堆疊起來，大家豪邁地用香草冰淇淋配千層派，卡路里和減肥大計在這個夜晚暫拋腦後。

晚上十一點，當茱娣告辭的時候，給了我一個大大的擁抱，還沾著巧克力醬的嘴角出現久違的微笑。我想，這次巧克力、甜點和友情聯手出擊終於湊效，成功治癒了她的輕憂鬱。

07×巧克力千層派

準備材料

蛋 2顆

中筋麵粉 150公克

全脂牛奶 500cc

蘭姆酒 100cc

糖粉 少許

鹽 1小撮

奶油 適量

內餡

巧克力醬 1瓶

將麵粉與蛋打勻後，再將牛奶緩緩倒入，並加入蘭姆酒攪拌均勻，加一點鹽做成麵糊，並靜置20分鐘備用。

可麗餅煎盤預熱好後，轉小火塗上奶油，淋上一大湯匙的麵糊，用T棒迅速由內向外擴張到整個煎盤。烘烤到邊緣捲起，成金黃色狀即可取出。再重複一次煎麵餅的動作，直到將全部的麵糊分次煎成多片後備用。

取一片薄餅，將巧克力醬薄薄地塗抹在1/2圓，對折再對折成1/4圓，重覆做好3片，並將之疊起就完成啦。

一層又一層的可麗薄餅，
夾著香甜濃滑的巧克力醬，
堆疊成口中的驚喜。

07×巧克力千層派

料理經驗分享

這道甜點最難的地方在煎薄餅，只要麵糊的調製比例對了，多試幾次就可以充分掌握技巧，但一開始的失敗是在所難免的，千萬別氣餒。

除了巧克力之外，我也很喜歡抹上自己做的草莓果醬，還吃得到果莓顆粒的口感，而且甜度可以自己控制，是一道很健康美味的小點。

草莓果醬的做法

草莓洗乾淨去蒂頭，放入鍋中再一起加入糖（約草莓重量的1/3），再擠上檸檬汁，開小火邊煮邊攪拌，並把表面的浮物與氣泡撈去，煮到你喜歡的口感即可。因為沒有放防腐劑，所以要盡快吃完。

週末買多了雞蛋，
心血來潮做一道沙巴雍甜點慰勞家人，
我用柳橙和檸檬取代馬沙拉酒，
讓週末的夜晚充滿橘子園的香氣。

08×柳橙沙巴雍與酥脆餅乾

準備材料

柳橙沙巴雍

柳橙 5顆

柳橙汁 100cc

檸檬汁 50cc

蛋黃 10顆

糖 75公克

脆餅

奶油 200公克，切丁放軟

糖粉 200公克

中筋麵粉 200公克

杏仁粉 150公克

鹽 1小撮

先做脆餅

所有材料混合均勻成麵糰，在烤盤鋪上烤紙，將麵糰放在上面，用手壓平。送進烤箱以攝氏165度烤20~25分鐘。冷卻後用手剝碎。

再打柳橙沙巴雍

柳橙與檸檬先取皮，切碎備用。另外把柳橙汁、檸檬汁、糖、蛋黃放入深碗中，採隔水加熱的方式用打蛋器拌打，直到濃稠且充滿泡沫。注意！溫度絕對不可以太高，不然蛋會煮熟。

離火之後加入柳橙與檸檬皮碎攪拌均勻，放在室溫冷卻後放入冰箱冷藏。

組合

柳橙去皮取肉。取一個玻璃杯，底部放入脆餅，上面放柳橙肉，再填入適量沙巴雍，並以柳橙絲裝飾。

料理經驗分享

沙巴雍（Sabayon）是義大利知名甜點，不讓提拉米蘇專美於前。最傳統的做法，是將蛋黃、砂糖和馬沙拉酒（Marsala wine）混合打發到濃稠，溫熱著上桌。後來也有人用白酒取代馬沙拉酒，並以冰涼的姿態出現。這道甜點不難做，製作時最要小心的就是拌打蛋黃的過程，需要溫度但又不能過高。

我用新鮮柳橙汁取代酒來做，沙巴雍變得老少皆宜，也可以用其他類似的果汁如葡萄柚、柳丁、青蘋果來做這道甜點。

深夜廚房×情傷

深夜廚房是我開給自己的失戀處方箋，
甜點成功療癒了心頭的傷口。

曾經聽一個善做甜點的女孩說起，她今日之所以練就一身甜點好功力，多虧幾年前一場令人心碎的情傷。

女孩說：「因為失戀的緣故，我有大半年一直受失眠所苦。」睡不著的夜晚提供了一張清醒的床，她在床上翻來覆去，腦海中想的全是昔日甜蜜，還有戀情變調之後，情人一個接一個的謊言。這些畫面像走馬燈一樣在腦海中盤旋，越想越睡不著，最後連想好好躺在床上都難。「於是索性起床，想找點事情來做。」

為了發洩多餘的精力和長夜漫漫，她決定利用半夜來複習自己學做過的麵包，至於為什麼選中麵包？

女孩說：「不能動手狠打負心漢，只好把力氣發洩在麵糰上囉，製做時須要用力揉、拍、捶、打的麵包是最好的選擇，任我怎麼捶打都無怨無悔。」

於是每一個不眠的夜晚，她都窩在廚房賣力拍打搓揉麵糰，等到麵包送進烤箱傳出香氣，回頭一看，窗外已經微露魚肚白，辛苦一夜的她這才稍稍補眠，然後帶著剛出爐的麵包上班去。女孩說：「失戀麵包變成我最好的公關禮物，辦公室的同事都很捧場，分享了我的夜半作品。」

隨著傷痕漸漸淡去，女孩的深夜廚房開始端出不一樣的成品，從最初紮實結棍的歐式麵包，逐漸軟化，變成可頌、布里歐一類的奶油麵包，然後是司康餅、瑪芬蛋糕，等到她開始烘焙甜軟的貝殼瑪德蕾、做出杏仁甜香的費南雪蛋糕，她的情傷已經悄悄走過。

女孩說：「深夜廚房是我開給自己的失戀處方箋，讓自己忙碌就沒有空閒傷心亂想，甜點成功療癒了心頭的傷口。」女孩一路從買食譜書在家DIY，到報名參加烘焙課程，最後還學到法國去，現在變成一名甜點主廚。她說：「當初心中的傷痕早已結痂，情傷一點一滴透過雙手轉化為一道又一道甜點，是我送給自己最好的禮物和祝福。」

用甜點治療情傷不稀奇，但因為失戀變成專業的甜點大廚，這大概是我聽過最勵志的失戀故事了！

09× 一個人的香蕉蛋糕

準備材料

低筋麵粉 90公克

香蕉 90公克

無鹽奶油 60公克

蛋 1顆

香草粉 1匙

泡打粉 1茶匙

砂糖 30公克

烤箱先預熱至攝氏200度。

奶油放在室溫下軟化，加入砂糖，用攪拌器拌打到光滑，再慢慢將蛋液加入拌和均勻。並順序加入麵粉、泡打粉攪拌均勻，最後放入香草精。然後加入熟成香蕉丁（香蕉丁用手大略捏碎，顆粒有大有小），稍微攪拌一下即可。

全部到入模型中烘烤30分鐘。出爐後放涼，可以搭配果乾一起食用。

料理經驗分享

每次聞到香蕉的香味時，都為它已經泛黑的外皮感到難過。雖然大家都知道吃香蕉好處多多，卻總是對那過熟的口感及外觀沒有太大興趣。所幸我把它變成又香又鬆的磅蛋糕，帶著濃濃的香氣，同時還吃得到香蕉顆粒喔。

這份食譜中由於香蕉的用量比例較重，放在烤盅裡烘焙比較容易成功。

過熟的香蕉像過了熱戀期的愛情，
新鮮度下降，卻有著特別濃郁的香氣，
一個人的午后，為放久的香蕉換個吃法，
重燃愛的火花吧！

冰箱裡吃不完的果乾，
配上起司、香料和香酥餅皮，
烤出氣派又華麗的義式水果派！

10×義大利起司水果派

準備材料

餅皮

低筋麵粉 180公克

無鹽奶油 120公克

蛋黃 60公克

糖 60公克

內餡

Ricota起司 300公克

蛋 2顆

葡萄乾 50公克

蔓越莓乾 30公克

杏桃乾 30公克

松子 20公克

肉桂粉、白胡椒粉、白蘭地酒 少許

糖 100公克

細糖粉 適量(表面裝飾用)

製作餅皮

將奶油切塊，與糖混和均勻之後加入蛋黃，混和攪拌均勻，再加入麵粉拌勻，但是不要過度，以免麵粉出筋。包上保鮮膜放入冰箱冷藏半小時，使用前再取出擀開，厚度約3~5mm。將餅皮鋪在烤模中，切除周圍多餘的部分。

準備調餡

將內餡所有的材料混和均勻，倒入鋪了餅皮的模子中。

烤箱預熱到攝氏180度，烤約40~50分鐘，直到表面呈現金黃色。

取出放涼再放入冰箱冷藏，要吃時表面記得撒上細糖粉裝飾。

料理經驗分享

不要用低脂的Ricota起司來做，那樣做出來的水果派不好吃。Ricita也可以用Mascarpon起司或是酸奶酪來代替。

11×櫻桃乳酪克拉芙緹

準備材料

蛋 2顆

鹽 1小撮

細砂糖 4大匙

香草糖粉 1小匙

中筋麵粉 4大匙

牛奶 150cc

鮮奶油 40cc

櫻桃 1/2杯

奶油(抹盤邊) 少許

白蘭地 少許

烤箱預熱到攝氏200度，將烤盤邊抹上奶油。

用打蛋器均勻打散2顆蛋，加入鹽與糖粉、香草粉一起攪拌均勻，再放入麵粉及牛奶和鮮奶油一起拌打均勻，最後加上少許白蘭地。

將混和好的液體透過濾篩網過篩，倒入烤盤中，並將櫻桃粒均勻放入烤盤液體裡，送入烤箱烤30~35分鐘。

料理經驗分享

經典的Clafoutis一定要用櫻桃來做，其實也可以換用其他的水果乾或是罐頭水果，但請記得將多餘的水分吸乾，否則烤出來的效果會較為濕潤。這道甜點麵糊可以事先做好靜置，要食用前30分鐘再加入水果丁在麵糊中，送入烤箱，烤出來熱熱地吃，蛋香更明顯！

克拉芙緹Clafoutis是很傳統的法式鄉村甜點，
也是一道Homemade點心，
配方很簡單，可熱食，也可以冰涼地吃，
吃來像硬一點的水果布丁

私房菜×味蕾的記憶

PART4

因為人人都有私房菜，
所以人人是大廚。
這些年，我從各路人馬口中
陸續蒐羅了不少精彩私房菜…

人人是大廚×口耳相傳

我的私房菜，
就這麼一路在周遭熱情人士的口耳相傳中，
記錄了下來⋯⋯

愛上料理之後，經常跟人聊天的話題都圍著做菜打轉。

「這道菜怎麼做才好吃啊？」我經常在菜市場裡向菜販討教。

「你怎麼這麼會燒菜啊？燒得這麼好吃！教我教我⋯⋯」在朋友家吃到好味，我總是賣力稱讚，殷勤請益。

「你教我怎麼做它，我就買啊。」旅途中碰到向我兜售蔬菜、醬料的店家或小販，我一律這麼要求，請他們以食譜交換生意。

我發現吃是一個幾乎不敗的聊天話題，只要拋出題目，總是能獲得各方熱情迴響，好像人人都愛吃，人人都能說出點吃的名堂。

後來我更進一步發現，愛做菜的人也很多，能說得一手好菜的人比比皆是，因為人人都有私房菜，所以人人是大廚。我從各路人馬口中特搜，竟然蒐羅了不少精彩的私房食譜。

曾經在上海短暫工作過一段時間的我，從幫忙打掃的阿姨身上，學會了她自創的雙色臘味菜飯。

從鄉下到上海幫傭多年的燒飯阿姨告訴我，菜飯在上海人心中的地位就如同我們的白米飯，可以搭配餐桌上任何一道菜色，絕不喧兵奪主，但她嫌傳統菜飯單調，所以做給孩子吃的時候，都會為它加料。

回台灣以後經常想念起她的菜飯香，於是學著她教給我的方法做出來，每次吃著香噴噴的菜飯，就想到那段值得記憶的上海居，和一位母親對孩手的愛。

我的私房菜，就這樣一路從周遭熱心人士的口耳相傳中記錄了下來。

好友老爸的一道四川私房菜，
食材和做法簡單，
滋味卻非常讓人難忘，
現在變成我的私房料理。

01×糖醋燉蛋

準備材料（6人份）

高品質雞蛋 6顆

白醋 20cc

醬油 100cc

糖 100公克

青蔥 2支

辣椒 1/2根

紅蔥頭 3顆

沙拉油 適量

水 適量

鹽、胡椒 適量

先備料

青蔥洗淨切段；紅蔥頭切片；辣椒去籽切片。我在炒鍋裡用足量的沙拉油將雞蛋煎成荷包蛋，蛋的邊緣最好煎得有點焦脆，煎好之後取出備用。原來的鍋子不要洗，繼續加熱，倒入醬油和醋煮滾，再加入糖煮到糖融化，再煮一下讓湯汁略為收乾。

把煎好的荷包蛋與切片的紅蔥頭，放入鍋子中燉煮10分鐘，可視濃稠狀況加一點水。快起鍋前把蔥段與辣椒加入一起燒一下，最後試一下味道，再做調整就可以上桌。

料理經驗分享

這道很多年前學會的四川私房菜，是有一次到好友小P家作客，夜半肚子餓，她老爹摸進廚房從冰箱挖出剩料，臨時為我們變出來的消夜。當荷包蛋在醬汁中咕嚕咕嚕燉煮的時候，誘人香氣不斷從鍋邊投奔出來，飢腸轆轆的感覺分外明顯。

這道菜好吃的原因就在於它的簡單，油煎雞蛋的香氣，再加上調味料的烘托，當晚我一吃就驚為天人，此後燒給無數人吃，沒有人不被收服，印證了簡單出好味的恆久真理。

02 × 上海臘腸菜飯

準備材料（3個分量）
洋蔥 1顆，切碎
雙色臘腸 100公克，切小丁
米 250公克
薑末 少許
青江菜 1顆，切碎
油 60cc
雞高湯 500cc
鹽、白胡椒 適量

先在鑄鐵鍋底薄薄淋一點油，加熱後，放入切碎的洋蔥、臘腸和洗淨的白米，以小火一起拌炒2分鐘，加入雞高湯，等煮到沸騰，加入青江菜碎，少許薑末拌勻，再放進烤箱，以攝氏200度烤15~20分鐘。

從烤箱取出鍋子，用飯杓均勻拌攪米飯，上桌前撒上適量的鹽和白胡椒。

料理經驗分享
我喜歡用Le Creuset圓形琺瑯鑄鐵鍋做菜飯，一個人吃飯的時候就用16吋小鍋，碰到人多的聚會，我會端出20或22吋圓鍋，先把米和菜在鍋裡拌炒好，再利用進爐焗烤的時間，準備其他菜餚。等飯好了直接端鍋上桌，不但省事，賣相又好。

用烤箱焗烤的好處是不用時時看顧著爐火，如果家裡沒有大烤箱，也可以直接在瓦斯爐上以小火煮約20分鐘，一樣可以煮出香噴噴的臘味菜飯。

菜飯在上海菜的地位就好像我們的白米飯
可以搭配餐桌上任何一道菜色
絕不喧賓奪主。
回台灣以後很想念那飯菜香，
這一次決定要讓它變成餐桌上的主角。

在客家庄的傳統市場買金桔醬的時候，
一位熱情的客家媽媽教給我這道私房菜，
她拍胸脯保證好吃。
回家之後照著口傳食譜試做，果然很成功！

03 × 金桔醬燒排骨

準備材料

豬肋排 1盒（長條狀）

調味料

金桔醬 3大匙

薄鹽醬油 1大匙

柳橙汁 3大匙

切碎的蒜頭（或蒜粉） 1大匙

薑黃粉 1小匙

取一個乾淨的塑膠袋倒入調味料混合成醃料，再放入排骨與醃料一起混合均勻後，送進冰箱冷藏醃1~2小時，直到入味。

鍋子放少許油預熱好之後，將醃好的排骨放入鍋中直接煎至雙面上色，把剩下的醃料汁倒入鍋中，並蓋上鍋蓋以小火燜煮10分鐘，期間要翻面幾次。最後打開鍋蓋，將剩下的醬汁收乾。

料理經驗分享

這道菜有另一種做法，是把醃入味的桔醬排骨，直接送進烤箱，以攝氏200度上下火烤約15~20分鐘，見排骨尾端的骨頭與肉稍微分離，色澤變得金黃帶焦糖色就可以取出食用。

金桔醬一般在客家庄的傳統市場裡一定都買得到。

04×櫻花蝦米糕

準備材料
長糯米 1杯
櫻花蝦 2大匙
米酒 1大匙
青蔥碎

調味料
香油 1小匙
醬油 1小匙
糖 1小匙
乾香菇 3朵
鹽 少許
白胡椒粉 少許

長糯米洗淨，浸泡約30分鐘，再濾乾水分備用。乾香菇泡水到軟化後，取出切片，香菇水要留著備用。

在鍋裡加少許香油，放下乾香菇以中火爆香，再加入糯米和所有的調味料拌勻炒香，分次加入適量的水持續拌炒，直到米粒吸飽水分，再撒上櫻花蝦和米酒翻炒均勻。等櫻花蝦米糕好了之後，撒上青蔥碎做裝飾就可以上桌。

料理經驗分享
我經常上門的一家海鮮餐廳，老闆是東港人，他挑的海鮮特別新鮮，在這裡吃海味從來沒有失望過。此外，我最愛店裡的私房菜——櫻花蝦米糕，米糕的軟糯恰到好處，美麗的櫻花蝦添上滋味與顏色，是我每次上門的必點菜色。

除了上餐廳吃東港拿手的櫻花蝦米糕，我回家找來米糕食譜後也開始試做，經過多次改良，雖沒有餐廳做的那麼好吃，但宴客時當我把做好的米糕裝填進燉盅裡送上桌，客人還是很捧場，吃得津津有味呢。

美麗的櫻花蝦，
最傳統的台味米糕，
串連出美好的味蕾邂逅。
這是我從一家海鮮餐廳學來的創意。

愛的問句×甜蜜

我當然不會在廚房亂搞，也很樂意為自己愛的人下廚，
只是當我提出愛的問句，
想聽到的還是一句比較甜蜜的回答。

「今晚想吃什麼？」

小時候放學回家，媽媽經常這麼問。問題裡藏著母親的愛。

「今晚想吃什麼？」

談戀愛的時候，情人溫柔地問我。問句裡躲著討好與愛情。

「今晚想吃什麼？」

結婚之後，一模一樣的句子重複在生活中出現，只是現在由我來發問。

另一半不是對吃很挑剔的人，丟出問句之後，得到的答案通常是這樣的：

「都可以啊！」

但有時候也會改一種回答：「妳做什麼都好吃，我都喜歡啊。」

其實是一樣的回答，但後面那句聽來比前面那句悅耳多了，「都可以」感覺根本不在意也無所謂；後面那句就帶有更多的肯定與寵愛，好像我在廚房亂搞什麼，他都可以捧場，可以照單全收。

我當然不會在廚房亂搞，也很樂意為自己愛的人下廚，只是當我提出愛的問句，想聽到的還是一句比較甜蜜的回答。這是女人的私心，也是一個家庭料理人的小小驕傲吧！

如果前一餐吃過西班牙海鮮燉飯，
通常隔天餐桌上就會出現粉絲煲
這是我利用剩下的海鮮來做的變化
沒有例外的，總能贏得家人豎起大拇指說，讚！

05 × 沙茶鮮蝦粉絲煲

準備材料
白蝦 8隻
粉絲 1把
紅甜椒 1/2顆
蒜末 1茶匙
香菜 1小把

調味料
醬油 1茶匙
糖 1/2茶匙
沙茶醬 1大匙
水 300cc

先處理食材
白蝦洗淨、剪鬚，用牙籤挑除腸泥，備用。粉絲泡水至軟、瀝乾。紅甜椒切小丁，備用。

熱鍋後，放入1大匙橄欖油，將白蝦兩面煎至焦脆，放入蒜末拌炒出香氣。加入所有調味料煮約3分鐘，再把浸泡過的粉絲加入煮約1分鐘，直到粉絲吸飽鮮蝦的湯汁，起鍋前撒下一小把香菜。

料理經驗分享
對於經常要下廚的人，粉絲、香菇這一類的乾貨非常重要，幾乎可以稱為家庭煮婦的「寶物」。

像我利用做西班牙海鮮飯剩下的白蝦變出來的粉絲煲，就是一道隨機應變料理。蝦膏和沙茶湯汁混合的美味精華，全部被冬粉吸取，粉絲煲一上桌，便宜的粉絲才是眾筷夾攻的目標。

教我做粉絲煲的朋友告訴我，要做好這道菜，對於粉絲的選料一定要講究，買純綠豆做的老牌粉絲，不但口感好，也耐煮。這是因為綠豆中的直鏈澱粉多，煮的時候不易爛，煮出來的口感特別滑腴，比玉米澱粉或地瓜澱粉做的冬粉好吃多了。

06×粉蒸排骨

準備材料
排骨 300公克
蒸肉粉 1小包約50公克

醃肉調味料
醬油 1大匙
辣椒醬 1大匙
甜麵醬 1小匙
砂糖 1大匙
香油 2大匙
水 50cc
薑末 1大匙
蒜末 1大匙

排骨洗淨擦乾備用。

取一調味缽依序放入調味材料及水，攪拌後放入排骨拌勻備用。

將蒸肉粉撒在排骨肉塊上，均勻裹上粉後，醃20分鐘，將排骨肉排在瓷盤裡備用。

拿出我的22cm圓形鑄鐵圓鍋，放上不鏽鋼蒸籠架，約裝七分滿的水，以大火煮到沸騰後，放入排好排骨肉塊的瓷盤，以大火蒸約20分鐘。

料理經驗分享
發現我愛的Le Creuset鑄鐵圓鍋為了亞洲市場開發出不鏽鋼蒸籠架，立刻買了回家，從此這只鍋子的用途更多了，可燉可煮可蒸，一般人在家當然也可以用電鍋來蒸粉蒸肉。

小時候到外婆家常常會吃到粉蒸排骨，
它變成收在記憶盒子裡的味道，
有一天在超市看到蒸肉粉，
買回家試著在廚房燒出外婆的味道。

不吃苦的我
最終被這道苦瓜盅收服開始學習吃苦，
才發現苦後原來可以回甘，
苦中原來滋味更悠長。

07 × 福菜苦瓜盅

準備材料

苦瓜 2條
豬絞肉 300公克
福菜 100公克，洗淨切碎
蒜頭 5顆切碎
醬油 2大匙
米酒 2大匙
味醂 1大匙
太白粉 適量
胡椒及鹽 少許
香油 少許

苦瓜洗乾淨，切成圈狀，約4~5公分高。

將絞肉、福菜碎、蒜碎、醬油、米酒、味醂、太白粉一起混和均勻。再把混和好的餡料塞入苦瓜圈中心備用。

鍋中放水，約2公分高，等水開了，將苦瓜盅放入鍋中，蓋上鍋蓋，用中小火燜煮約20分鐘。

料理經驗分享

這是媽媽為小時候不肯吃苦的我，特別學做的一道菜，客家甘美的福菜是讓苦瓜洗心革面的魔鬼教練，很奇怪，苦瓜配著福菜一起熱烈燒過之後，苦瓜的苦就被隱匿了，只剩下回甘，因此讓我心甘情願地吃起苦瓜來。

這道菜燒出來不好看，但滋味很好，夏天冰冰涼涼的吃，也很開胃。

附錄×廚房裡的小筆記

什麼原因我的鍋子不生鏽？
怎麼煎出PRO級的美味牛排？
為什麼用鑄鐵鍋燒菜特別好吃？
這是我寫在筆記裡的廚房小秘密。

廚房裡的小筆記×我的鍋子不生鏽

常常有朋友問我，鑄鐵鍋很難保養?

剛開始我非常的訝異，因為我的鍋子浸泡水後非常好清洗，也沒有任何保養的問題。後來我終於發現大家心中的問題，因為鐵鍋有兩種：

鑄鐵鍋

就是一般的鐵鍋，表面上沒有琺瑯保護鍋身，所以每次使用後都需要抹上油脂保護鍋子不生鏽。

琺瑯鑄鐵鍋

表面上有一層美麗的琺瑯，一方面可以保護鍋身不生鏽，另一方面琺瑯是玻璃矽石材質，可以抗高酸鹼，安全衛生。所以每當我清洗完鍋具後，將鍋身保持乾燥即可。當然我常常使用它，或許它根本也來不及生鏽！所以我都會開玩笑説：「如果你用的是琺瑯鑄鐵鍋，在鍋緣生鐵的部分有生鏽，那就是你的鍋子在跟你撒嬌，希望你跟它多親近，多多使用它啦！」

牛排除了好吃，我也要它很美觀

牛排要煎得好吃，除了慎選牛肉，煎烤時的溫度和時間掌握都很重要。

但除了煎出美味的牛排，我還想讓牛排漂漂亮亮的上桌。

最好的方法就是直接利用有烙紋的平煎鍋，在牛排身上烙下美麗的菱格紋。

要準確烙出美麗的紋路，其實是有技巧的，先讓牛排平貼在熱鍋上斜烙出第一批整齊的橫紋，然後轉90度再烙出另一批斜紋，使之在牛排上交織出美麗的菱格紋，看來就跟高級炭烤牛排館端出來的一樣專業。

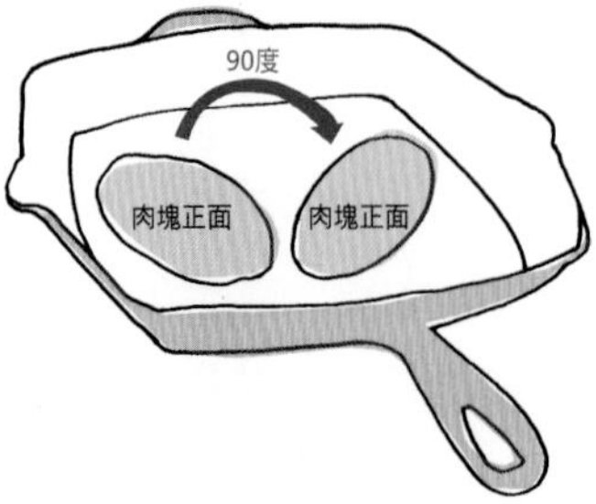

廚房裡的小筆記×我的牛排很好吃

總覺得鐵板燒料理特別好吃？

有時三五好友總喜歡約在鐵板燒吃料理，享受師傅現場親手製作的美味，久而久之我發現其中的關鍵，就是「溫度」。

溫度的穩定是料理美味的重要關鍵。

當生牛排放在鑄鐵烤盤上的瞬間，我就非常確定這道牛排一定很美味，烤盤的熱度瞬間將肉汁的鮮甜封鎖起來，想要牛排不好吃都很難！

鑄鐵鍋煮出來的料理特別好吃？

很多人都會抱持懷疑的態度，鑄鐵鍋煮東西真的比較好吃嗎？

我不得不說，由於鑄鐵鍋的溫度穩定，食物的原味留在鍋中，食物本身也容易入味，所以烹調出來的料理的確更有滋味，其中沉而密實的鍋蓋，更是舉足輕重的角色。

常常聽到有人介紹壓力鍋說，食物美味「鎖」在鍋中，但鑄鐵鍋是利用鍋蓋本身的重量，讓原味留在鍋內，而鍋蓋邊緣可以隨時釋放鍋中的大氣壓力。讓食物原有的水氣保留，達到真正的原汁原味。

燉一鍋 × 幸福

作　　者　Emily
攝　　影　周禎和

發 行 人　程安琪
總 策 畫　程顯灝
編輯顧問　錢嘉琪
編輯顧問　潘秉新

總 編 輯　呂增娣
執行總輯　錢嘉琪
主　　編　李瓊絲
編　　輯　吳孟蓉・程郁庭・許雅眉
內頁設計　吳慧雯
封面設計　潘大智
行銷企劃　謝儀方
出 版 者　橘子文化事業有限公司

總 代 理　三友圖書有限公司
地　　址　106 台北市安和路 2 段 213 號 4 樓
電　　話　(02) 2377-4155
傳　　真　(02) 2377-4355
E－mail　service@sanyau.com.tw
郵政劃撥　05844889 三友圖書有限公司

總 經 銷　大和書報圖書股份有限公司
地　　址　新北市新莊區五工五路 2 號
電　　話　(02) 8990-2588
傳　　真　(02) 2299-7900

初　　版　2013 年 10 月
定　　價　365 元
ISBN　978-986-6062-59-9（平裝）

http://www.ju-zi.com.tw
橘子&旗林 網路書店

來書特別感謝
Le Creuset 提供鍋具
City' super & 齊云生活館提供場地拍攝

LE CREUSET®
www.lecreuset.com.tw

燉一鍋×幸福